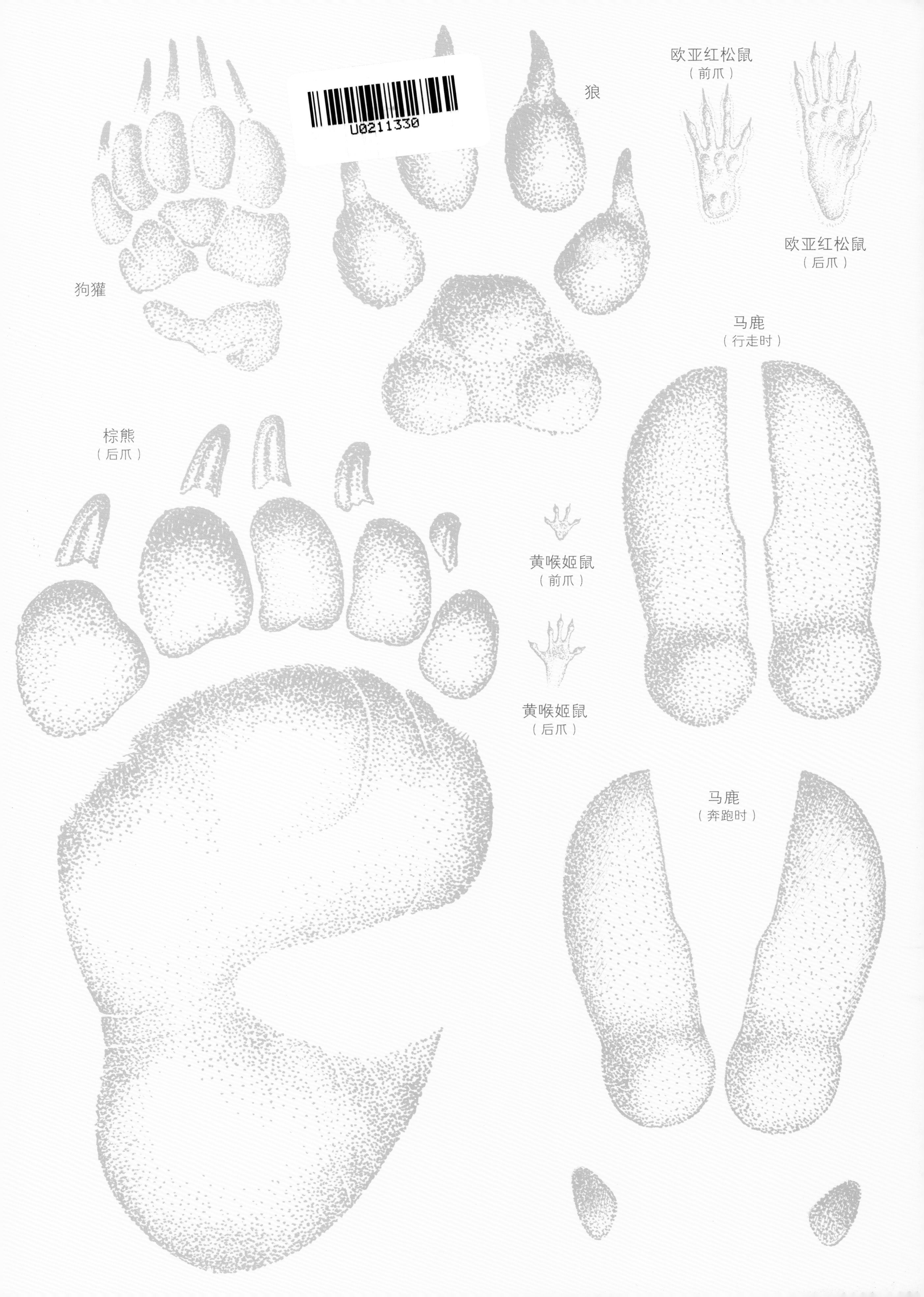

U0211330
狼
欧亚红松鼠
（前爪）
欧亚红松鼠
（后爪）
狗獾
马鹿
（行走时）
棕熊
（后爪）
黄喉姬鼠
（前爪）
黄喉姬鼠
（后爪）
马鹿
（奔跑时）

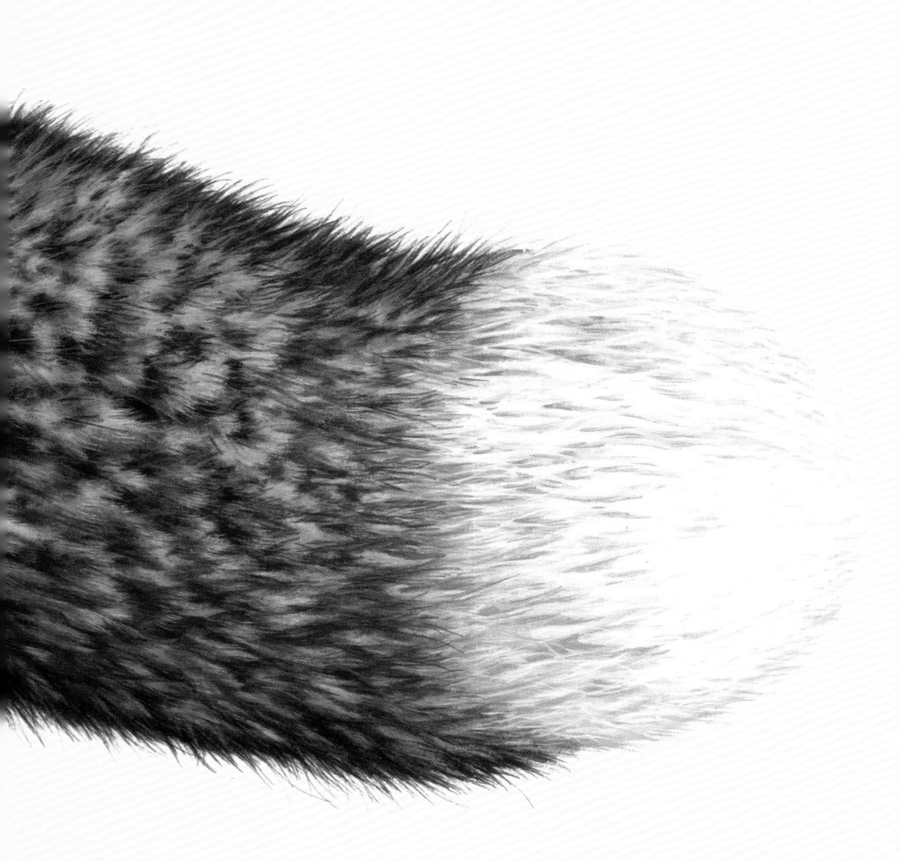

北美浣熊

Procyon lotor

北美浣熊的前爪

感觉毛

与许多哺乳动物一样，北美浣熊也有用来触碰和感觉的毛发，也就是所谓的“感觉毛”。北美浣熊口鼻处的触须可以感受到最轻微的气流变化，这可以帮助它在黑暗的环境中测量通道的宽度。此外，北美浣熊的爪子上也有感觉毛。这样一来，它就可以用爪子“看到”和识别要触碰的东西了。

出逃

北美浣熊原本生活在北美洲。由于其浓密的毛皮深受人们喜欢，皮草饲养商在20世纪20年代末将北美浣熊带到了德国。1934年，一位林业员在德国黑森州的埃德湖旁将两只北美浣熊放生。直到今天，距离埃德湖不远处的卡塞尔市仍被认为是欧洲“北美浣熊的首都”。还有一些北美浣熊来自柏林周围的各种皮草饲养场，它们从那里出逃后扩散到了其他地方。

基本介绍

主要数据

体长：45 ~ 60厘米（不含尾部）

尾长：约25厘米

体重：4 ~ 10千克

速度：可达25千米/小时

寿命：长达16年

形态特征

北美浣熊浅色的脸上长着“黑眼罩”和黑鼻子，这让它十分容易辨认。它蓬松的尾巴上有黑白相间的环纹，身体的其他部位长着灰色的长毛，只有前爪长着浅色的短毛。

栖息环境

北美浣熊最喜欢生活在有池塘和小溪的森林里，有时它也生活在城市里。北美浣熊对环境的适应能力很强。

生活习性

北美浣熊喜欢单独行动，但也喜欢社交。同一家族的雌性居住在彼此附近，雄性则聚集在一起生活。北美浣熊在傍晚和夜晚时活动。到了冬天，它会尽可能地减少活动，用储存在身体里的脂肪过冬。

饮食习惯

北美浣熊属于杂食性动物，它的食物中既包括植物，也包括鱼和肉。

生长繁殖

在4月或5月时，雌性浣熊在树洞中产下幼崽，每胎2 ~ 4只。在出生6 ~ 8周后，小浣熊将第一次走出树洞。到了秋天，它们会告别母亲，开始独立的生活。

听力敏锐

作为一种夜行动物，北美浣熊具有敏锐的听力，它甚至可以听见所谓的超声波。这既能帮助它及早察觉到危险，也有利于它寻找食物——北美浣熊可以通过听力判断土壤中哪里有蚯蚓正在蠕动。

善于思考

北美浣熊是一种十分聪明的动物。行为学家发现，它能够记住不同问题的解决方法长达三年之久。它学习新事物的速度与猕猴一样快。这样的聪明才智让北美浣熊在城市中也能很好地生活。北美浣熊的叫声十分丰富，它可以发出咕噜声、嘶嘶声、咆哮声和尖叫声。

浣洗食物？

北美浣熊在进食前浣洗食物的说法并不正确。它其实是在用灵活的手指来回转动、检查食物。因为北美浣熊前爪上有一层角质层，有时候需要浸在水里使其软化来提高灵敏度，所以很容易被误以为是在清洗食物。

奇妙小知识

为了顺利过冬，北美浣熊在秋天会大量进食，在身体里储存起厚厚的脂肪，它此时增加的重量可以达到其体重的50%。这相当于一个体重为 30 千克的孩子在短短几周内增重 15 千克。

普通刺猬

Erinaceus europaeus

普通刺猬的刺放大后的样子

基本介绍

主要数据

体长：22 ~ 33 厘米

体重：700 ~ 1500 克

速度：可达 3.5 千米 / 小时

寿命：长达 7 年

形态特征

普通刺猬的背部及体侧长有棘刺。它的嘴比较尖，耳朵小，腿短。

栖息环境

普通刺猬喜欢栖息于有开阔平地、灌木丛、树篱和森林边缘等环境多样的地方。此外，它也常常生活在花园和公园里。

生活习性

普通刺猬平时独来独往，只有在每年 5 ~ 8 月的交配季节，雄性和雌性才会短暂地聚在一起。普通刺猬喜欢将窝建在灌木丛或木柴堆中，它白天都在窝里睡觉，夜晚时外出觅食。

饮食习惯

所有爬行的小动物都是普通刺猬喜爱的食物，例如昆虫、蚯蚓和蜗牛。有时它也会吃鸟蛋和幼鸟。

生长繁殖

每年 7 ~ 9 月间，普通刺猬在藏身处产下幼崽，每胎 4 ~ 7 只。出生大约四周后，幼崽开始尝试自己觅食，但依然由母亲哺乳。两个月后，小刺猬就开始独立生活了。

刺

刚出生时，普通刺猬的皮肤下约有 100 根软刺，这些刺将逐渐立起并变得坚硬起来。成年后，它身体外侧的刺可多达 8000 根。一旦面临危险，普通刺猬就会将身上的刺竖起来，同时将身体蜷缩成一团来保护自己。

心脏

普通刺猬在 11 月至次年 4 月间冬眠。为此，它在秋天时大量进食，让自己长出一层厚厚的脂肪。为了度过这段漫长的时间，普通刺猬在冬眠时会尽可能地减少自己的能量消耗：它的体温从 36 摄氏度降到 8 摄氏度，每分钟仅呼吸 2 次，心跳从每分钟 300 次降到每分钟 18 次。

天敌

得益于一身多刺的“盔甲”，普通刺猬在健康的情况下几乎没有天敌，只有雕鸮和狗獾可以用锋利的爪子穿透它这层“盔甲”。其他捕食者要么趁它身体虚弱时下手，要么就必须像赤狐一样使用特殊的计谋才有机会。

奇妙小知识

为了找到足够的食物，身形小巧的普通刺猬要用短小的四肢在一个晚上行走 2 ~ 3 千米。这相当于一个人每天要步行 10 ~ 15 千米。

赤狐

赤狐

Vulpes vulpes

基本介绍

主要数据

体长：65 ~ 75 厘米（不含尾部）

尾长：35 ~ 45 厘米

体重：6 ~ 10 千克

速度：可达 50 千米 / 小时

寿命：长达 13 年

形态特征

赤狐长着一身橘红色的皮毛，只有腹部和喉部是白色的，腿部的颜色通常比较深。赤狐蓬松的尾巴几乎跟它的身体一样长，尾尖为白色。

栖息环境

赤狐具有很强的适应能力，它不仅生活在森林和长有灌木丛的开阔地带，有时也在城市中生活。

生活习性

在自己的领地时，赤狐要么单独活动，要么与狐群在一起。赤狐的巢穴建在地下，由一个供其生活的地洞和若干分散的通道组成。赤狐通常夜晚外出捕猎，白天则在阴凉处或巢穴中休息。

饮食习惯

赤狐主要以老鼠、蚯蚓、昆虫和野兔为食。在夏季，赤狐也喜欢吃成熟的水果，比如樱桃、李子和梅子。

生长繁殖

雌性赤狐在 3 月或 4 月产下幼崽，每胎 4 ~ 6 只。这些幼崽在一个月大时会第一次离开巢穴。到了秋天，它们开始寻找自己的领地。

暖和的皮毛

赤狐的皮毛在夏天又短又糙，但是到了秋天，赤狐就会换上一身厚实而有光泽的冬装。过去，因为拥有暖和的皮毛，狐狸屡屡成为人类的猎杀对象，其中格外珍贵的是毛色独特的银狐皮。赤狐长长的、毛茸茸的尾巴既能起到枕头和平衡杆的作用，也是它用来交流的工具。赤狐用竖起尾巴和耳朵的行为向别的赤狐表明自身的地位高于对方。如果它将尾巴夹到肚子下方，双耳伏贴，则表示臣服于对方。

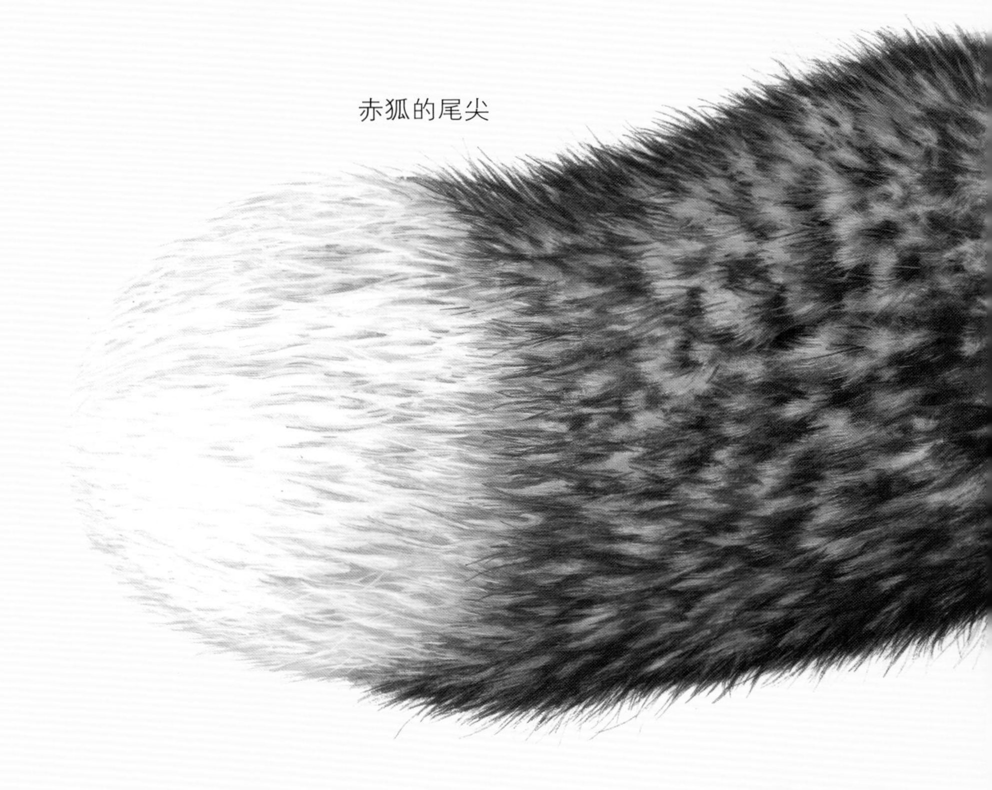

赤狐的尾尖

惬意的家

赤狐很少自己建造巢穴。它常常利用獾或兔子的弃洞，并对其稍加改造。如果獾的洞特别大，就会出现獾与赤狐共同居住的情况，有时甚至连翘鼻麻鸭和兔子也住在那里。令人惊讶的是，赤狐并不会捕食它们，各位“室友”和睦共处。

足智多谋

计谋一：

如果赤狐想要捕食乌鸦，它就会装死，等待乌鸦走上前去。一旦乌鸦足够靠近，赤狐就会将其捕获。乌鸦是杂食性动物，也吃动物的尸体。

计谋二：

当赤狐想吃刺猬时，为了让刺猬暴露出没有硬刺的腹部，赤狐会将其推入水中。

夜视能力？

赤狐虽然是犬科动物，但它长着与猫科动物类似的瞳孔。当阳光强烈或者在雪地里活动时，赤狐的瞳孔会收缩成一条竖线，只有很少的光线能够进入其眼睛。赤狐的眼睛对光线极其敏感，所以它十分擅长在黑暗的环境中捕猎。

奇妙小知识

赤狐可以爬进很小的洞里，例如它可以挤进和罐头瓶差不多大小的栅栏网格中，这是因为赤狐全身最宽的部位就是相对狭窄的头部。对于人类来说，最宽的身体部位则是肩膀或臀部。

欧亚红松鼠

Sciurus vulgaris

基本介绍

主要数据

体长：20 ~ 25 厘米（不含尾部）

尾长：15 ~ 20 厘米

体重：200 ~ 400 克

速度：可达 25 千米 / 小时

寿命：长达 10 年

形态特征

欧亚红松鼠最引人注目的是它那长长的、蓬松的大尾巴。它的皮毛通常是红色的，生活在黑暗的针叶林中的欧亚红松鼠的毛色会更深一些。到了冬天，欧亚红松鼠会长出更加厚实的皮毛，耳朵上也会长出长长的毛发。

栖息环境

欧亚红松鼠主要生活在森林和公园里。

生活习性

一年中的大部分时间，欧亚红松鼠都喜欢单独行动。只有在交配期，雄松鼠和雌松鼠才会短暂地待在一起。它们会用树枝在树的高处搭建起一个球状的巢穴。幼崽出生后，雄松鼠就会被赶出领地。欧亚红松鼠不冬眠。

饮食习惯

欧亚红松鼠的食物主要有榛子、核桃、山毛榉果实、松子。除此之外，它也喜欢吃植物嫩芽、菌类、水果和昆虫幼虫。在春天，它还会吃鸟蛋和幼鸟。

生长繁殖

欧亚红松鼠的幼崽在春天出生，每窝最多可达 6 只。刚出生的小松鼠没有毛发，双眼紧闭。一个月后，小松鼠才睁开眼睛。再过两周，它们将第一次离开巢穴。十周大时，小松鼠就可以独立觅食了。

奇妙小知识

欧亚红松鼠的毛发非常浓密，1 平方厘米中生长着 8000 ~ 10000 根毛发。在人类的头皮上，每平方厘米只有约 310 根头发。也就是说，松鼠的毛发密度约是人类的 30 倍。

多功能的尾巴

又长又蓬松的尾巴让欧亚红松鼠成了十分擅长爬树的动物。在进行远距离跳跃时，尾巴起到了方向舵的作用，确保它可以四肢着地。当欧亚红松鼠两腿站立时，尾巴能稳稳地支撑住它的身体。它的尾巴在夏天可以用来遮阳，冬天则可以用来保暖。

超强的鼻子

为了顺利过冬，欧亚红松鼠会在秋天时储备食物。它将无数的榛子、山毛榉果实、橡子和种子埋进土里。就算厚厚的积雪增加了寻找的难度，它还是能将埋在土里的许多食物找出来。欧亚红松鼠的嗅觉非常灵敏，它不仅能闻到坚果的味道，还能嗅出坚果是否已经变质。

多个住所

欧亚红松鼠在自己的领地内建造了多个巢穴。因此，无论它漫步到哪里，总会有一个可以休息的地方。不仅如此，一旦主巢穴不再安全，它可以迅速地将幼崽转移到其他巢穴中。

巨大的爪子

棕熊的爪子大而有力，后爪比前爪还要更大一些。行走时，棕熊用整个脚掌着地，这样它在积雪或沼泽中行走时就不会陷入太深。长长的爪尖不仅让棕熊成了攀爬能手，也是它挖出地下的植物根茎和小型啮齿动物的工具。棕熊的爪尖无法像猫科动物那样收回到爪鞘里。

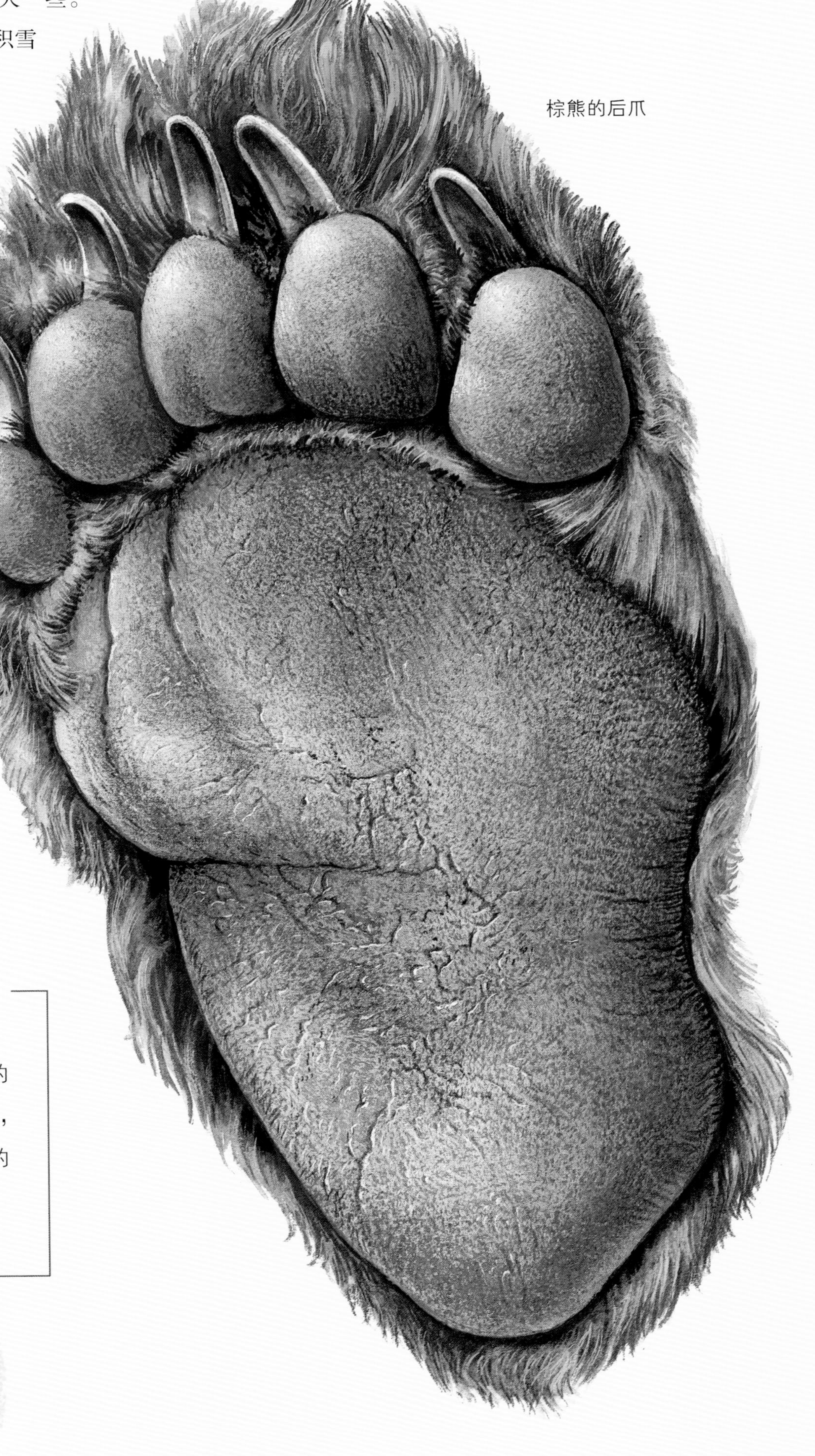

棕熊的后爪

娇小的幼崽

虽然成年棕熊体形巨大，但它的幼崽非常娇小。刚出生的棕熊幼崽没有毛发，体重只有 300 ~ 400 克。在母亲富含脂肪的乳汁的喂养下，幼崽们生长得很快。出生一个月后，它们便睁开了眼睛，四个月后，它们的体重已经达到了 4 千克。

奇妙小知识

虽然棕熊看上去懒洋洋的，它奔跑的速度却很快，可以达到 56 千米 / 小时，远远超过人类 30 ~ 40 千米 / 小时的奔跑速度。

松鸦

Carrulus glandarius

基本介绍

主要数据

体长：32 ~ 35 厘米（连同尾部）

翼展：约 53 厘米

体重：140 ~ 170 克

寿命：长达 17 年

形态特征

松鸦的羽毛介于米色与粉色之间。它的脸上有一道小胡子般的黑色颊纹，翅膀上有一块黑、白、蓝三色相间的斑纹。当松鸦飞行时，它背部末端的白色羽毛和黑色的尾巴会变得十分醒目。

栖息环境

森林、公园、墓园和较大的灌木丛都是松鸦的栖身之处。

生活习性

松鸦从每年 2 月份开始寻找伴侣。然而，直到树叶茂密、能提供良好的隐蔽条件时，它才开始产卵和孵卵。松鸦一年四季都待在自己的领地里——不过，生活在欧洲东部和北部寒冷地带的松鸦，会在冬天时飞到较为温暖的地方过冬。

饮食习惯

在温暖的季节，松鸦主要吃昆虫和其他小动物。在寒冷的季节，它则以坚果、种子和水果为食。

生长繁殖

雌性松鸦每窝产蛋 4 ~ 7 枚，蛋的颜色较浅，上面长有细小的斑点。幼鸟离开鸟巢后，父母仍然会喂养它们 3 ~ 4 周的时间。

奇妙小知识

松鸦每年都要储藏 3000 ~ 5000 颗橡子、山毛榉果实等坚果。而它能将自己埋藏的几乎所有食物都找出来，这可真是一项了不起的本领！要知道，人类连 36 对连连看卡片都难以完全记住呢！

口技演员

松鸦不仅能模仿其他鸟类的叫声，还可以模仿割草机的声音和铃声。因此，当听似秃鹰叫的“呀”声在森林中回荡时，那也可能就是松鸦的杰作。

园丁

松鸦的喉囊中最多可携带 10 颗橡子。不过，它不会立即吃掉这些橡子，而是将它们分散地埋在森林的地下，为过冬做准备。冬天没有被挖出来吃掉的橡子会在来年春天发芽，长成新的橡树。

哨兵

作为著名的森林哨兵，松鸦时刻监管着自己的领地。一旦面临危险，例如当貂、苍鹰、猞猁或猎人靠近时，松鸦会立即发出短促而嘶哑的叫声，向附近的所有动物发出警报。

马鹿

马鹿

Cervus elaphus

基本介绍

主要数据

体长：170 ~ 225 厘米（连同尾部）

体重：90 ~ 250 千克

速度：可达 65 千米 / 小时

寿命：长达 18 年

形态特征

马鹿是一种大型鹿类。雄性马鹿长着分叉的大角，因此很容易被识别。到了交配期，雄性马鹿的颈部还会长出浓密的鬃毛。

栖息环境

马鹿属于北方森林草原型动物，喜欢生活在带有空地和临近开阔地带的森林里。

生活习性

马鹿喜欢群居。雄性马鹿和雌性马鹿各有自己的群落，只有在交配季节，它们才会与异性相处。年老的马鹿则喜欢独自生活。

饮食习惯

马鹿在夏天主要吃青草和树叶。到了冬天，它却不得不以苔藓、地衣、嫩芽和细枝为食。

生长繁殖

雌性马鹿在 5 月或 6 月产下幼崽，每胎一只。马鹿幼崽在出生短短几个小时后便可以站立起来，第二天就能跟随母亲一起活动了。

大声吼叫

马鹿的发情期从 9 月开始。此时，最强壮的雄鹿会离开雄鹿群，开始寻找雌鹿群。为了赶走其他雄鹿，它会大声吼叫，这在黄昏时分尤为常见。如果对方不服气，两只雄鹿就会展开一场格斗。它们用鹿角互相撞击，试图推开对方。

标记领地

马鹿用其香腺所产生的气味来标记自己的领地。它的一个腺体紧邻眼睛（眼睛前方的黑线处），一个腺体位于尾巴的根部（背部末端），还有一个腺体位于脚部。

视力

马鹿的眼睛长在头部的两侧，因此，无须转头它就可以看到几乎各个角度。即使在黄昏或者距离物体很远的地方，马鹿都有出色的视力。但也有例外情况——马鹿无法识别静止的物体，例如一动不动的猎人或者熊。如果因为风向不利导致马鹿无法闻到对方的气味，它就无法注意到这些敌人。

奇妙小知识

人类只有一个胃，而马鹿与所有反刍动物一样拥有四个胃。为了消化草和叶子并从中获取足够的能量，这些胃必不可少。

蹭角

雄鹿的鹿角在每年2月脱落，新鹿角随即开始生长。新鹿角上包裹着一层天鹅绒般的皮肤，它可以为新鹿角的生长提供养分。新鹿角在120～130天后长成。之后马鹿会在树上将鹿角上的茸皮蹭掉，直到里面的骨质鹿角暴露出来。

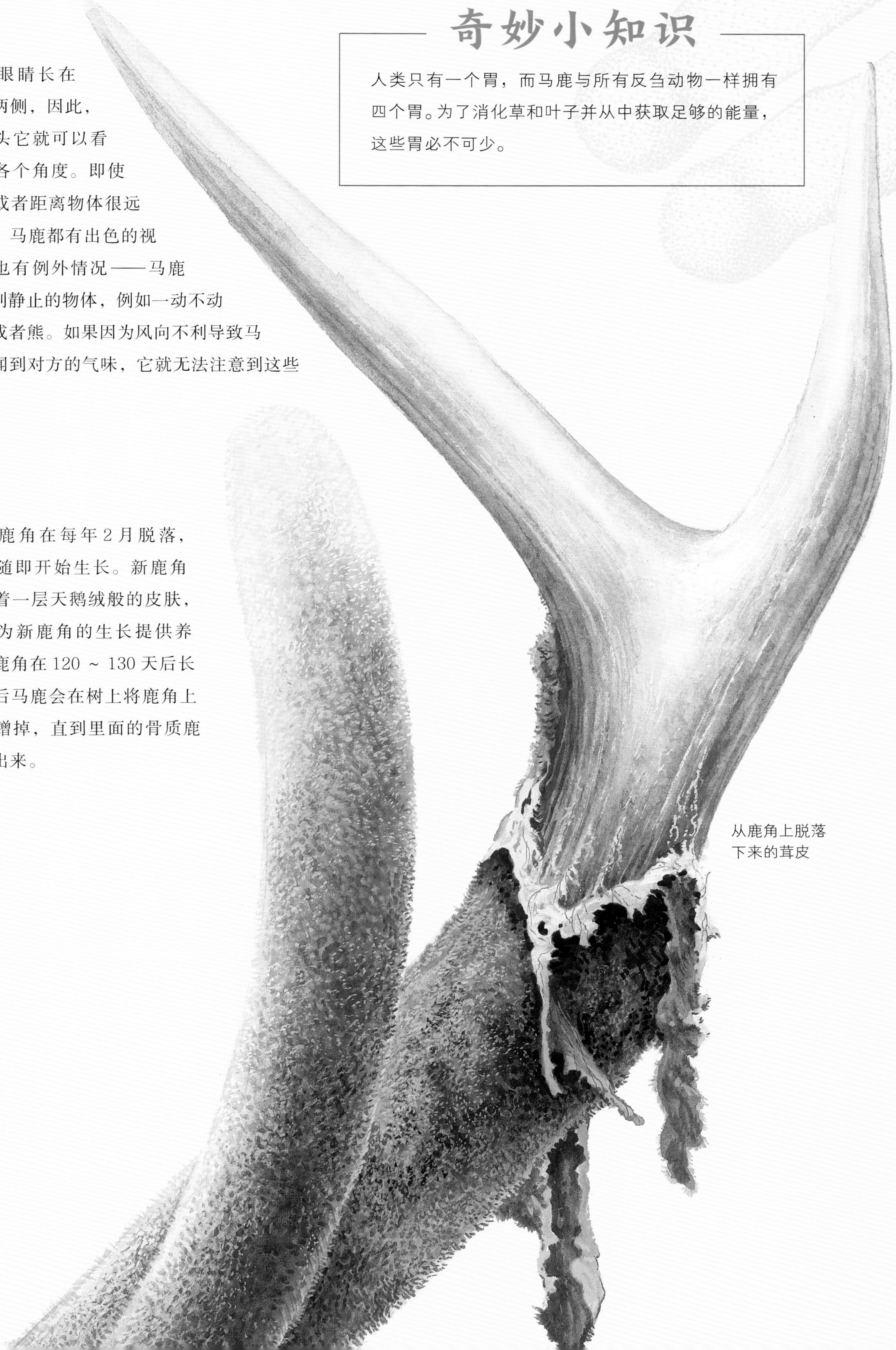

从鹿角上脱落下来的茸皮

狗獾

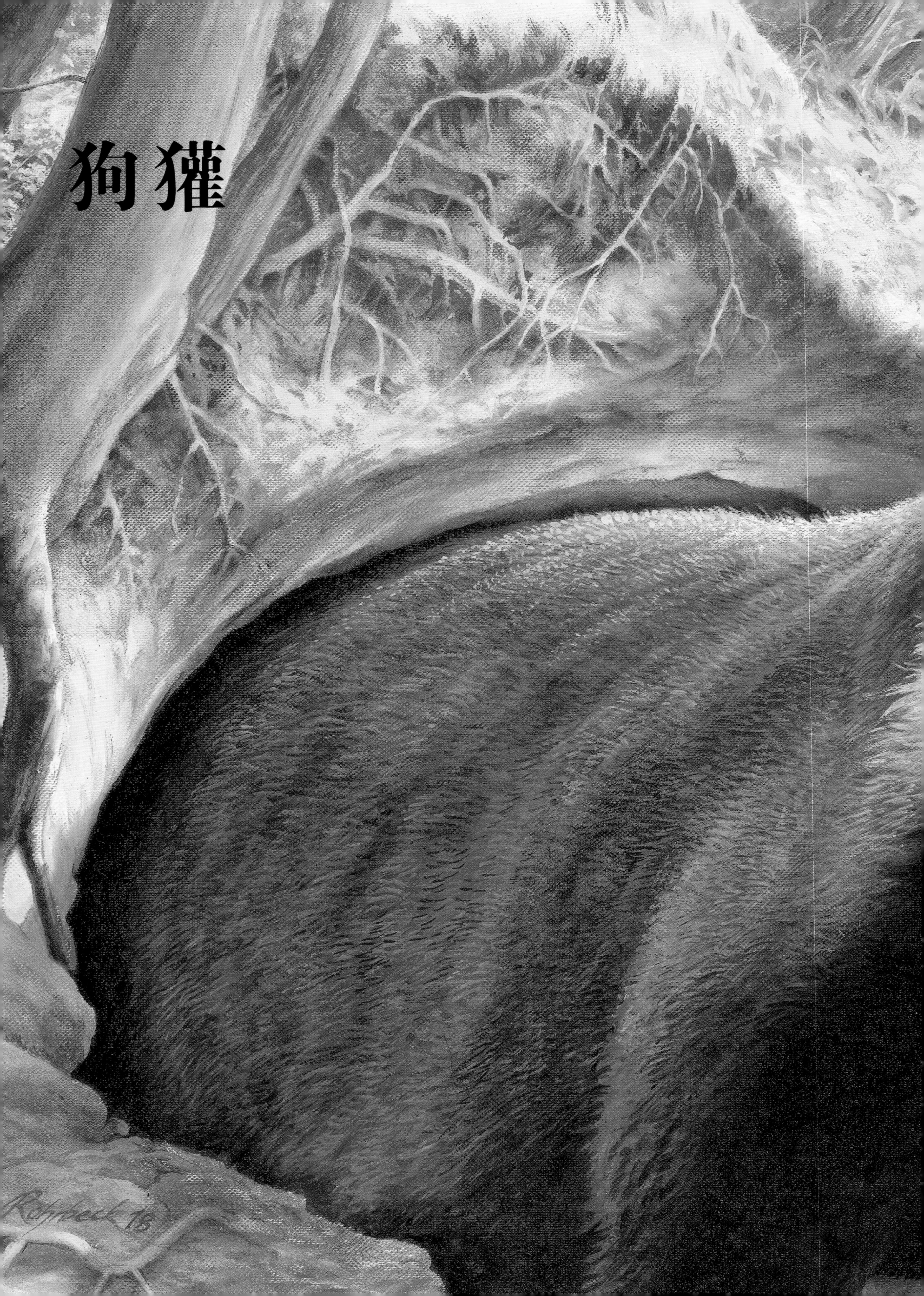

狗獾

Meles meles

基本介绍

主要数据

体长：64 ~ 88 厘米（不含尾部）

尾长：11 ~ 18 厘米

体重：7 ~ 14 千克

速度：可达 30 千米 / 小时

寿命：长达 15 年

形态特征

狗獾的头部格外引人注目：两条黑色的纵纹从嘴角穿过眼睛，一直延伸到耳朵。狗獾头部的其余部分为白色，身体是银灰色的，脚和胸部的颜色较深。

栖息环境

狗獾尤其喜欢生活在丘陵地带、树林边缘、灌木丛和树篱中。

生活习性

白天，狗獾和它的家庭成员们一起生活在地下的洞穴里。天黑后，狗獾开始外出寻找食物。通常情况下，雄性和雌性一生都生活在一起。到了冬季，狗獾会进行冬眠。

饮食习惯

狗獾是杂食性动物，主要以蠕虫、昆虫和老鼠为食，但它也吃树根、水果、蘑菇或橡子。

生长繁殖

母獾在每年的 3 月或 4 月产下幼崽，每胎 2 ~ 5 只。6 ~ 8 周后，幼崽第一次爬出洞穴。与父母一起生活一年后，它们开始寻找自己的领地。

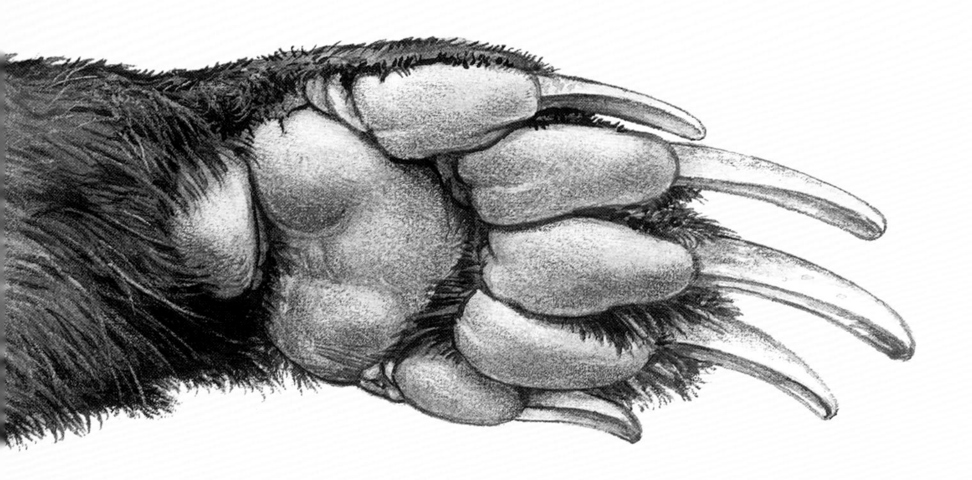

狗獾的前爪

弯曲的爪尖

狗獾前爪上长着弯曲的爪尖，长度为 2 ~ 3 厘米。这样的爪尖有利于狗獾挖掘洞穴和从土里扒出食物。狗獾前爪的爪印看起来与熊掌非常相似，只不过尺寸要小得多。狗獾后爪的爪尖只有前爪的一半那么长，不过狗獾并不需要用它们来进行挖掘或抓挠。

地下洞穴

狗獾在地下建造的洞穴，拥有宽度可达30米的隧道系统，以及可以延伸至三层以上的结构，其中既有多个铺着干草的卧室，也有位于出入口附近的厕所。这样的洞穴并不是一只狗獾的杰作，而是由一代又一代的狗獾接力扩建而成。许多獾洞都已经拥有几十年的历史了。

可以闭合的小耳朵

狗獾之所以能够适应地下生活，不仅要归功于它扁平的身体、善于挖土的爪子和厚实的皮毛，还得益于它可以闭合的小耳朵。在挖土的过程中，狗獾可以将耳朵合上，以免土块掉进耳朵里。

起保护作用的皮毛

狗獾的皮毛十分厚实。在细腻、保暖的底层绒毛之上，是一层浓密而粗硬的针毛。这层针毛不仅能保护狗獾在挖土时免受伤害，还能帮助它抵御黄蜂，以至于狗獾可以在不被蜇伤的情况下从黄蜂巢中取出幼虫。

奇妙小知识

由于狗獾通常行动缓慢，因此，与其他动物相比，它消耗的能量较少。例如，体形相当的水獭每天要吃1000克的食物，而狗獾只需要吃500克。狐狸的体重通常远轻于狗獾，但它需要的食物与狗獾一样多。

狗獾的前后爪印叠在一起的样子

黄喉姬鼠

Apodemus flavicollis

基本介绍

主要数据

体长：6.5 ~ 12 厘米（不含尾部）

尾长：6.5 ~ 12 厘米

体重：26 ~ 36 克

速度：可达 12 千米 / 小时

寿命：长达 2 年

形态特征

黄喉姬鼠最引人注目的是它那大大的耳朵和黑色的眼睛。它背部的皮毛是红褐色的，中间部分的颜色略深。它的腹部为白色，胸前有一块淡黄色至棕色的毛发。

栖息环境

黄喉姬鼠主要栖息在落叶林和混交林中，但有时也出现在森林边缘或带有树篱、灌木丛和草地的各种环境中。到了秋天，黄喉姬鼠偶尔也会到人类的房屋中寻求庇护。

生活习性

黄喉姬鼠主要生活在树上，是一种独来独往的动物。它善于攀爬和跳跃，奔跑的速度也非常快。黄喉姬鼠通常在地洞中筑巢，有时也会把巢安在树洞里。它在天黑时外出觅食。

饮食习惯

黄喉姬鼠主要以种子、果实、蘑菇和浆果为食，有时也吃小昆虫。秋天时，它会在巢中储备用于过冬的橡子、山毛榉果实等坚果。

生长繁殖

黄喉姬鼠的繁殖期在每年的 2 ~ 9 月。雌性在此期间会产仔 2 ~ 3 次，每胎 5 ~ 7 只。两三个月大的黄喉姬鼠就已经具备了繁殖后代的能力。

奇妙小知识

借助于大大的后脚掌，黄喉姬鼠可以跳到 80 厘米远，是其身体长度的 7 ~ 8 倍。这相当于人类可以跳到 12 ~ 14 米的距离。

用尾巴抓住树枝

黄喉姬鼠的尾巴跟它的身体一样长。在它攀爬和跳跃时，尾巴起到了很大的作用。有时，黄喉姬鼠还会将尾巴当作第三只手，用它来抓住小树枝。

善于啃咬

由于黄喉姬鼠的体形小，又在夜间活动，所以人们很难见到它的踪影。但林地上经常会留下它进食的痕迹，例如被啃食得干干净净的云杉果或者被咬出一个大洞的坚果。当然，这也可能是其他鼠类的杰作。

减少能量消耗

到了冬天，黄喉姬鼠会在巢穴里冬眠。其间，大部分时间它都在睡觉，偶尔也会醒来吃一些储备好的食物。当天气特别冷的时候，它会像许多小型哺乳动物一样暂时进入僵冷状态，进一步减少能量的消耗。尽管如此，每 10 只黄喉姬鼠中还是会有 8 只无法活着迎接春天的到来。

野猪

野猪

Sus scrofa

基本介绍

主要数据

体长：165 ~ 200 厘米（连同尾部）

体重：100 ~ 200 千克

速度：可达 50 千米 / 小时

寿命：长达 20 年

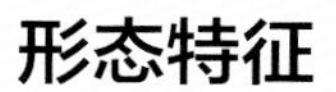

形态特征

野猪长着三角形的大脑袋和矩形的身体，两者直接融为一体，几乎看不到它的脖子。与身体相比，它的腿显得又短又细。野猪身披刚硬的针毛，这些针毛可以让它免受荆棘的伤害。雄性野猪的犬齿（獠牙）会露出嘴外。

栖息环境

野猪对生活环境的要求并不高。它在乎的只有两点：食物充足和适宜藏身。有些野猪甚至可以在城市中怡然自得地生活。

生活习性

雄性野猪一般单独行动，雌性则与自己的幼崽生活在一起。特别大的野猪群通常由多个家庭组成。

饮食习惯

野猪最喜欢的食物是树根、橡子、栗子、山毛榉果实、蘑菇和农作物。此外，它还喜欢吃蠕虫、蜗牛、老鼠以及动物的尸体。

生长繁殖

春天，雌性野猪会在茂密的灌木丛中产下幼崽，每胎 4 ~ 8 只。刚出生的幼崽身上长有条纹，三个月后，这些条纹就会消失。直到约十个月大时，幼崽才能长出与父母相同的皮毛。

奇妙小知识

猪是拥有最多嗅觉细胞的哺乳动物。这些嗅觉细胞在它的鼻腔上所占的面积多达 150 平方厘米，而人类的只有 5 平方厘米。因此，人们过去会用猪来寻找松露这种生长在地下的珍贵菌类。

实用生存小技巧 1

当夏天很热的时候，无法排汗的野猪喜欢在泥潭里打滚，通过这种方式使身体冷却下来。野猪在泥浆中洗澡还有另外一个目的：去除跳蚤、虱子等恼人的寄生虫。如果它在泥浆浴后再用树干摩擦一下身体，去除寄生虫的效果将格外显著。

实用生存小技巧 2

野猪的四肢不是很灵活，无法给自己挠痒，因此，它会在粗糙的树皮上摩擦身体——这通常是在泥浆浴之后进行。很多野猪都有自己固定用来摩擦身体的"擦痒树"。

实用生存小技巧 3

长长的吻部不仅是野猪的感觉器官，同时也是它的工具：在它的帮助下，野猪不仅可以通过气味识别家庭成员，还可以嗅到地下的食物，例如块根、蘑菇和蠕虫。为了找出嗅到的食物，野猪会用其强壮的吻部进行挖掘。

实用生存小技巧 4

在雄性野猪的一生中，它的獠牙一边不断生长，一边在进食的过程中不断被磨损。这有两个好处。首先，这能将雄性野猪的獠牙维持在合适的长度，使它们不至于长得太长。其次，这能使獠牙保持锋利，让野猪可以成功地应对敌人和对手。雌性野猪的犬齿会在 3 ~ 4 年后停止生长。

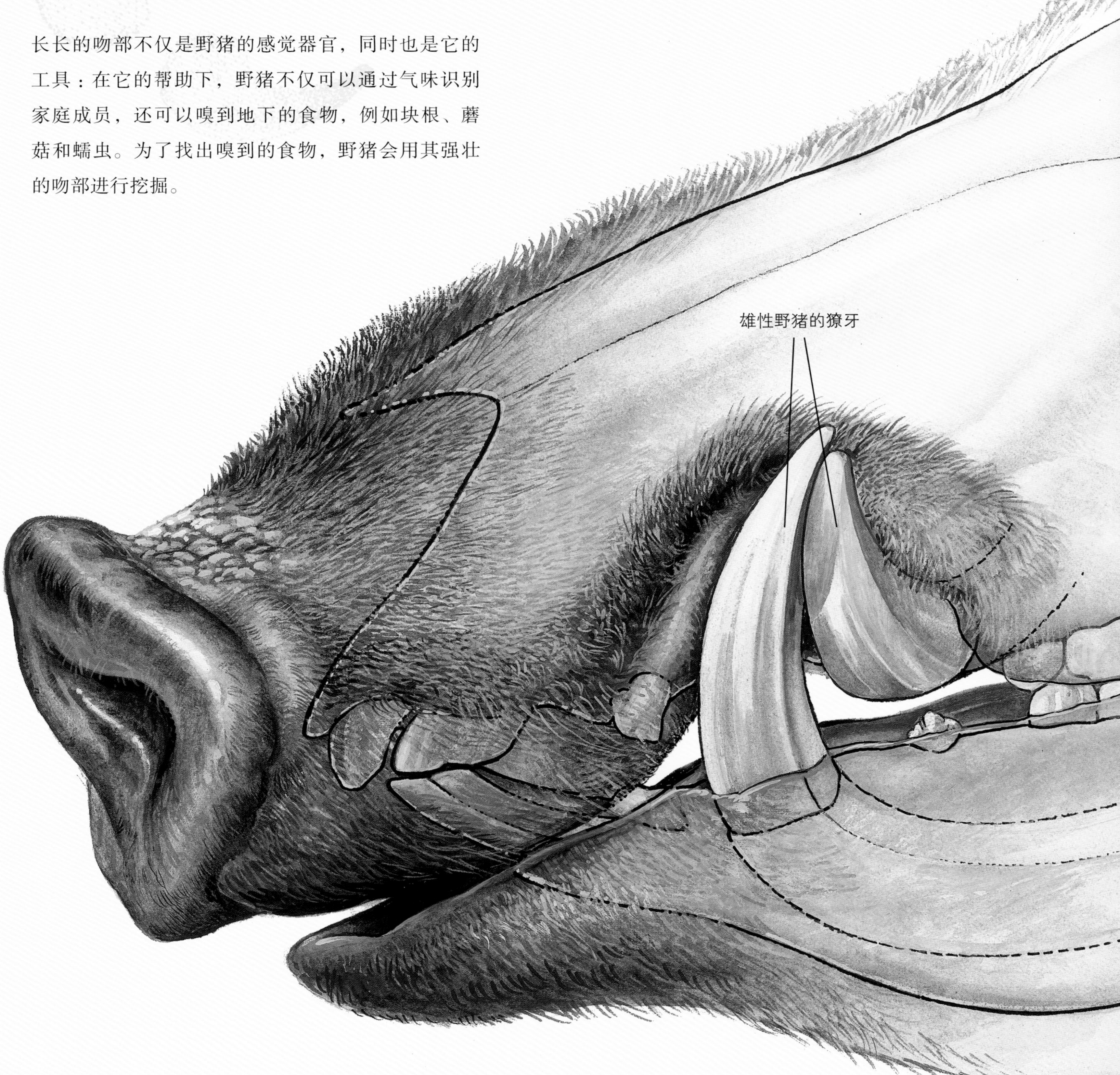

引　言

地球是我们赖以生存的家园。曾经，人类认为地球是宇宙中唯一存在的星球。但是当人类开始探索太空时，才发现地球只是茫茫宇宙众多星球中的一员。后来，人类进入太空，回望地球，发现地球是一颗大大的蓝色球体，漂浮在黑暗无际的宇宙中。这样震撼的景象让我们惊叹地意识到：对于生活在地球上的居民来说，地球是那么庞大；然而和整个浩瀚无垠的宇宙相比，它又是那样渺小。

尽管如此，在太阳系里，地球依然是与众不同的，数十亿年的演变与发展，把地球变成了我们独一无二的家园。想要更好地了解这个美丽又舒适的家园，我们可以通过测量和比较，探究地球是如何从宇宙天体中脱颖而出，成为人类和其他居民的理想居住地的。这就是本书要和小读者们一起去探索的奥秘。

人类很喜欢测量，这是因为要了解物体的大小、重量和速度，都可以通过测量得出。我们测量炎热夏季的室外温度；测量打足气的足球内部气压；测量我们的身高，然后和朋友的身高作比较。

比较和测量还能让你从不同的角度观察事物。地球与太阳的平均距离是1.5亿千米，这个距离很远很远，对吗？先别着急下结论，距离的长短和你作比较时使用的参照物密切相关，和一只蜗牛一小时的爬行距离相比，地球与太阳的距离很远很远，但是和地球与冥王星之间的距离相比，地球与太阳的距离就近多了。

地球很重吗？是的。地球的重量大约为6×10^{24}千克，也就是说，6的后面有24个0！这样看来，地球好重好重。可是如果我们把地球的重量平均分配到它所占的空间里，地球突然就显得很轻了。这是因为地球的密度很低，比很多金属的密度都低，比如我们熟悉的铁、白银和黄金。

在这本书里，我们会通过测量和比较来探索地球及其他很多物体。在这个过程中，我们使用统一的标准测量单位，比如“米”“千米”“秒”和“光年”，等等。“统一”是很关键的：例如在测量距离时，如果用一个人走一段距离的步数作为测量单位，那么每个人的测量结果都会是不一样的，因为每个人的步幅都不一样。这就是为什么我们要发明标准单位，一些标准单位对我们来说是耳熟能详的，而有一些标准单位可能是我们闻所未闻的。但是，所有这些标准单位都很有趣，是它们赋予了我们了解这个世界的能力。

无论从哪个角度看，地球这颗圆圆扁扁、巨大又小巧、沉重又轻盈、寒冷又炎热、干燥又潮湿、急匆匆又慢吞吞的星球，都是那么美丽，那么神奇。下面就一起来探索这颗不可思议的多样星球——地球吧！

关于本书测量结果的说明

全世界有许多种不同的测量体系，但不论身在何处，科学家们都会使用一种叫作“公制”的测量体系，它在很多国家是通用的。“公制”体系使用标准单位来测量，比如“米”“千米”“秒”等。在这本书里，我们也会采用科学家们的方法，使用公制测量体系。

大大的地球

地球究竟有多大？测量星球大小最常用的方法，就是测量它的直径。地球的直径，也就是赤道上相对的两个端点经过地球中心位置的距离，是12 756千米。让我们通过比较其他天体和地球的直径，来看看它们的大小吧。

太阳系

太阳系是一个以太阳为中心，受太阳引力约束在一起的天体系统，包括太阳、行星及其卫星、矮行星、小行星、彗星和行星际物质。太阳系中的很多成员都比地球小，其中就包括月球——宇宙中离我们最近的邻居。

月球　地球的卫星

直径为3 476千米

太阳系中第五大卫星，在比较月球和地球大小时，你会发现，月球的直径是地球的1/4。

地球

直径为12 756千米

我们居住的行星。

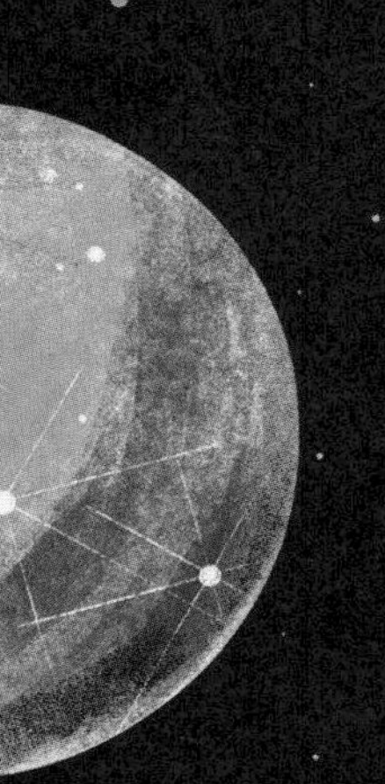

水星

直径为4 879千米

太阳系中最小、离太阳最近的行星。

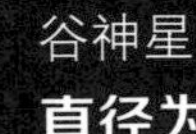

谷神星

直径为952千米

矮行星，太阳系已知最大的小行星。

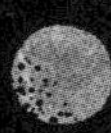

冥王星

直径为2 370千米

冥王星在1930年被发现，被列为太阳系第九大行星。但是随着科学家们在宇宙中发现的天体越来越多，他们发现了一种新的天体种类——矮行星。从此冥王星就不再被看作是行星，而变成了第一组“矮行星”的家庭成员。

冥卫一

直径为1 207千米

冥王星最大的卫星。

金星

直径为12 104千米

火星

直径为6 792千米

"大"有多大?

千米

当我们想知道一个物体的宽度、高度或者长度时，我们需要使用长度单位来测量。在国际公制中，标准的长度单位是"米"。在测量较长的距离时，我们使用的单位是"千米"（km）。1千米等于1 000米。

最长的直飞商业航线
长15 343千米

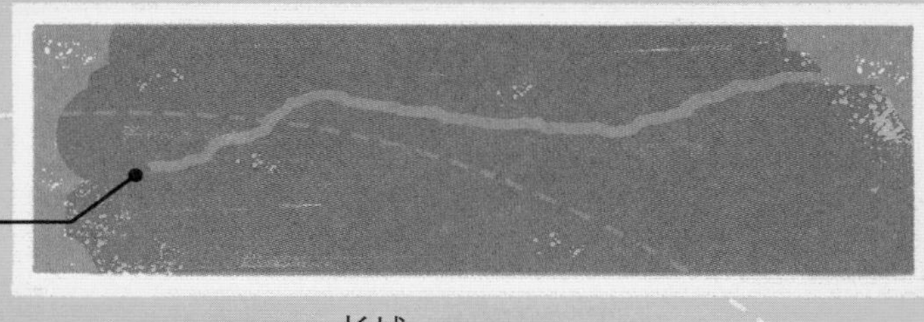

亚马孙河
长6 437千米

长城
长21 196千米

米

"米"可以用来测量日常的物体或生物，也包括人类的高度。

水豚
长1.3米
最大的啮齿动物。

要找出人类的"平均身高"，可不是一件容易的事情，这是因为有些地区的人天生要比其他地区的人个子高。

人类
2.72米
最高身高。

蓝鲸
长30米
最大的动物。

长颈鹿
高5.5米
最高的陆地动物。

毫米

测量较小的物体时，"米"可以被分割为"厘米"（cm）或"毫米"（mm）。1米等于100厘米，等于1 000毫米。

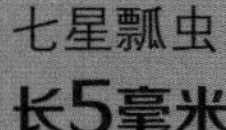

七星瓢虫
长5毫米

大黄蜂蝙蝠
长30毫米
最小的哺乳动物。这种体形很小的大黄蜂蝙蝠是在泰国和缅甸发现的。

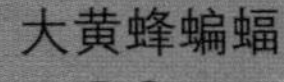

大头针的平头
长1毫米

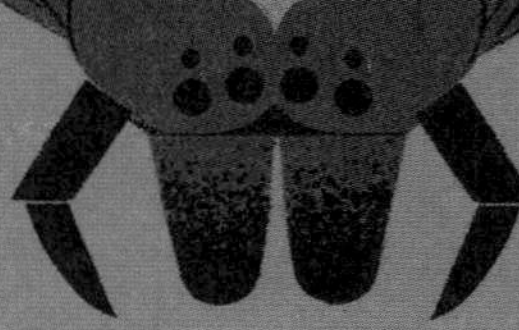

巨型猎人蛛
长300毫米
足展最大的蜘蛛。

微米

测量更小的物体时，我们用"微米"。1米等于1 000 000（100万）微米。用微米测量的所有物体都无法用肉眼看到，必须用显微镜来观察。

红细胞
长6~8微米
人类身体里最常见的细胞。所有的生物，大到巨型红杉树，小到池塘里的细菌，都是由不同种类的细胞构成。据科学家们估计，一个人的身体里有超过30万亿个细胞。

嗜酸乳杆菌
长2~9微米
我们的肠道里存在许多有益的嗜酸乳杆菌（益生菌）。乳杆菌是一种极小的单细胞生物，在各种环境中都能生存。有些乳杆菌会让人生病，而有些则对我们的健康有益。

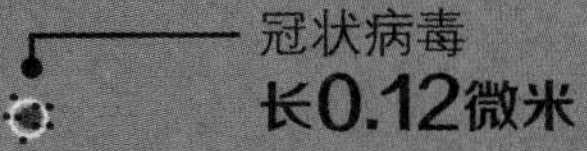

冠状病毒
长0.12微米
尽管病毒比嗜酸乳杆菌还小，但是很多病毒都会攻击并打败身体细胞，让你生病。有一种新型冠状病毒，就在2020年引起了全球性的感染。到目前为止，这种病毒依然对人类造成危害。

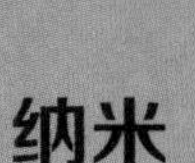

纳米

测量极其微小的物体时，我们用"纳米"。1米等于10亿纳米，用纳米测量的物体要用特殊的仪器才能"看"到，比如电子显微镜。

铯原子
长0.26纳米
铯是自然界中半径最大的原子。围绕着原子核飞速转动的比质子和中子还小的微粒。

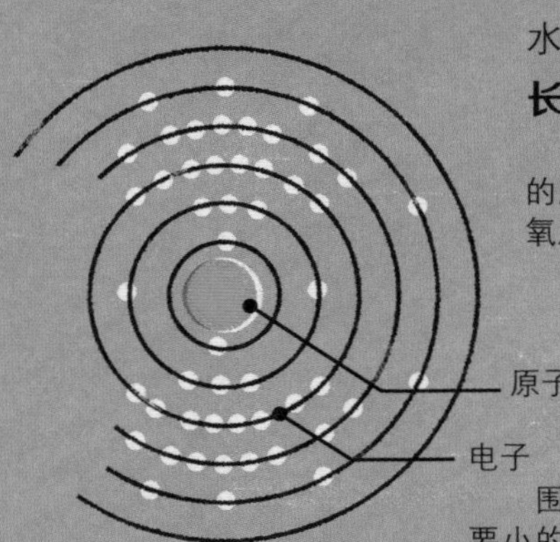

水分子
长0.27纳米
分子由2个或2个以上的原子构成。水分子由1个氧原子和2个氢原子构成。

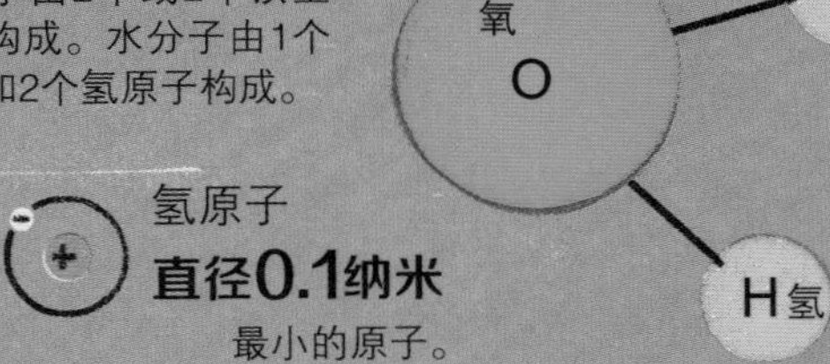

氢原子
直径0.1纳米
最小的原子。

围绕着原子核飞速转动的，是比质子和中子还要小的微粒，我们把它叫作"电子"。不同的原子包含的质子、中子和电子的数量都是不同的。

小小的地球

在地球上生存的我们认为这个星球很大很大，可是当你把地球的直径和宇宙中一些其他的物体（比如气态巨行星）做比较时，你会发现地球根本没有我们想象的那么大。来看看以下几个例子，它们有些存在于太阳系中，有些则在太阳系之外。

地球
直径12 756千米

天王星
直径51 118千米

太阳系中的巨行星

水星、金星、地球和火星是距离太阳较近的几颗行星，它们几乎全是由岩石和金属构成，体积很小，密度很大。但是另外4颗离太阳较远的行星——木星、土星，天王星和海王星，则几乎全是由凝聚气体构成，所以它们都比地球大得多，被称为巨行星。

木星
直径142 984千米

太阳系最大的行星。木星的直径大概是地球的11倍。200多年前，天文学家们发现木星上有一个巨大的、椭圆形的风暴气旋，他们称它为“大红斑”。这个风暴气旋一直在快速地扩大，到今天，它的宽度已经达到了16 000千米，这么宽的风暴气旋可以吞掉整个地球！

海王星
直径49 528千米

光年

太阳系

4.2光年

比邻星

测量地球上的距离，“米”和“千米”是够用的。但是放在宇宙中，你就会发现，宇宙中的空间实在是太大太广，这两个单位根本不够用！以比邻星（除了太阳以外距离地球最近的恒星）为例，它和地球之间的距离是40 000 000 000 000（40万亿）千米。

为了测量如此遥远的距离，科学家们使用“光年”这个长度单位。1光年指的是一束光在一年中走过的距离，大约是9.46万亿千米。这样计算，比邻星和地球的距离就是4.2光年。

土星
直径120 536千米

被气体云带环绕的巨星。土星最著名的特点就是有一条围绕着它的巨大行星环，这条云带几乎全部由微小的冰粒和岩石颗粒组成，直径达到270 000千米。

星星闪，星星亮

在夜空中，你能用肉眼看到的每一颗星星，实际上都比地球大得多。它们之所以看起来那么小，是因为它们离我们实在是太遥远了。别看太阳看起来比其他的星星大得多，在茫茫宇宙中，它也只不过是一颗中等大小的恒星。

参宿四

直径14亿千米

是地球直径的约109 752倍。参宿四是已知最大的恒星之一，它位于猎户座的肩部，一闪一闪地散发着明亮的光。

木星

直径142 984千米

地球

直径12 756千米

太阳

直径139万千米

是地球直径的109倍。

天狼星A

直径240万千米

是地球直径的188倍。

伟大的星系

太阳并不是宇宙中的独行侠，它只是一大群恒星中的一个，这群靠重力被集中在一起的恒星组成的区域叫“银河系”。如果你能进入太空，回望银河系，你会发现它看起来就像是一个巨大的、缓慢转动的风车。天文学家们还不确定银河系中具体有多少颗恒星，但是目前估计是在1 600亿到4 000亿颗！

离我们银河系最近的星系是仙女座星系，它距离地球“只有”250万光年。

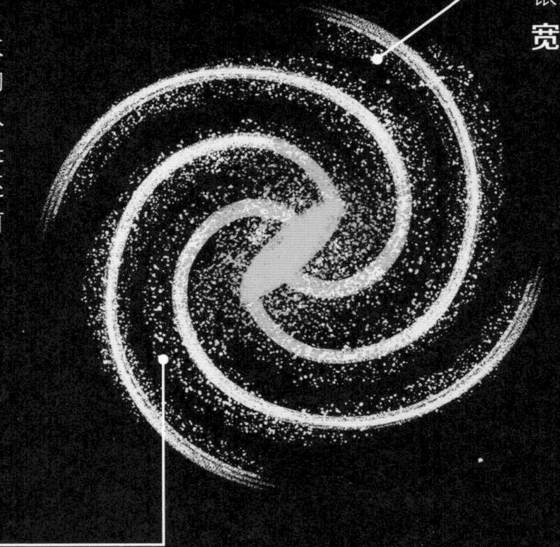

银河系

宽度为10万光年

我们所处的星系。

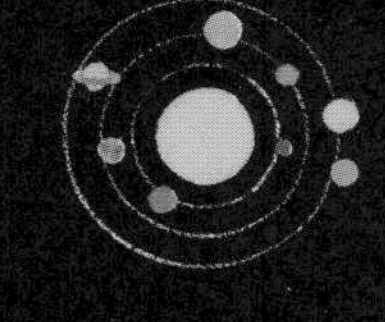

太阳系在银河系中的位置

仙女座星系

宽度约为20万光年

离我们最近的邻居。

我们的星系邻居们

银河系并不是宇宙中唯一的星系，它有几十亿个同伴呢！这些星系通常也会被重力束缚，形成星系群。银河系所处的星系群叫作“本星系群”。据天文学家们估计，本星系群中存在着50多个独立星系。

本星系群属于更高一级的星系团——室女座超星系团。这个巨大的组合中包含着超过100个星系团。

银河系

宽度为10万光年

本星系群

宽度为1 000万光年

室女座超星系团

宽度为1.1亿光年

顶级速度

地球上的动物和车辆的速度差别很大，从超级快到超级慢，各种档次的速度应有尽有。

音速

当物体振动时，这种振动会以波的形式，通过各种不同的介质传播出去，这就是声音。气温、海拔、湿度都会影响声音的传播速度。由于水分子的排列很紧密，所以声音在纯净水中的传播速度是在空气中的4倍。

缓慢的地球

尽管我们的地球以10.7万千米/时的速度绕着太阳转动，可是和宇宙中很多天体的速度比起来，地球还是显得慢吞吞的。

光速

在一个标准大气压，气温15℃下，声音的速度是1 224千米/时，然而和光速比起来，音速实在是太慢了。实际上，光是宇宙中最快的物质，真空中的光速就可以达到299 792 458（2亿9979万2485）米/秒，也就是接近30万千米/秒。以这个速度，一束光从太阳照射到地球只需要8分19秒。

太阳系里的高速运动

在太阳系中有许多物体在运行，以下是运行速度较快的物体。

地球的公转速度

10.7万千米/时

地球绕太阳转一圈需要约365天。对我们来说，这就是1年！

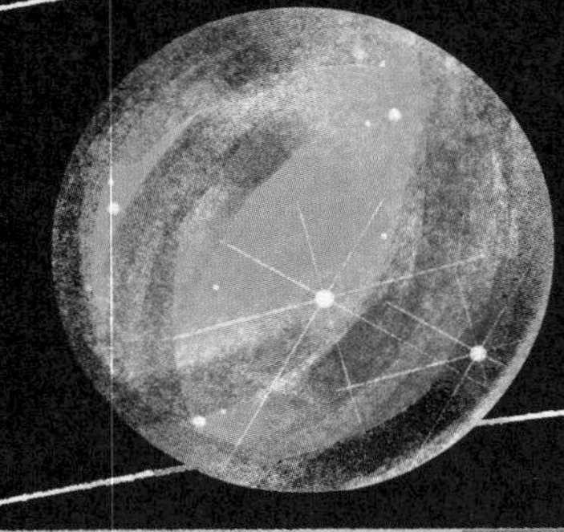

水星的公转速度

17.2万千米/时

水星是离太阳最近的行星，它绕太阳转一圈只需要88天。

金星的公转速度

12.6万千米/时

金星绕太阳转一圈需要225天。

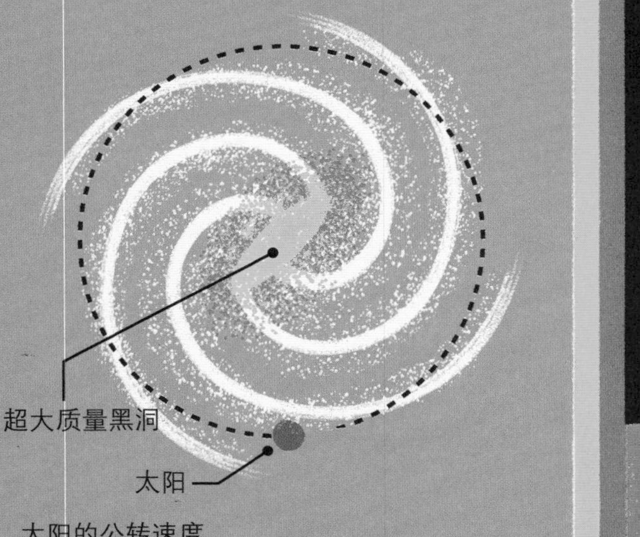

太阳的公转速度

81.72万千米/时

行星绕着太阳转动，卫星绕着行星转动，那太阳绕着什么转动呢？太阳和银河系中其他的恒星，都绕着星系的中心——超大质量黑洞转动。因为星系实在是太大了，所以太阳公转一圈大约需要2.3亿年。

来自太阳的强劲气流

太阳在持续不断地、以不可思议的速度释放出巨大的能量和粒子。太阳的能量对地球上的生命来说是不可或缺的，然而强劲气流有时候也是很危险的。

日冕物质抛射的速度

1 080万千米/时

太阳有时会喷射出巨大的带电粒子气体，我们称它为“日冕物质抛射”。这时太阳风的速度会达到平时的两倍多。

太阳风的速度

144万千米/时

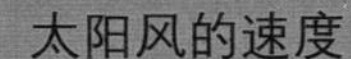

除了肉眼能看到的光，太阳还在不间断地释放着带电粒子流，这就是“太阳风”。当这些带电粒子进入地球磁场时，它们就会在南极和北极产生绚丽的极光。

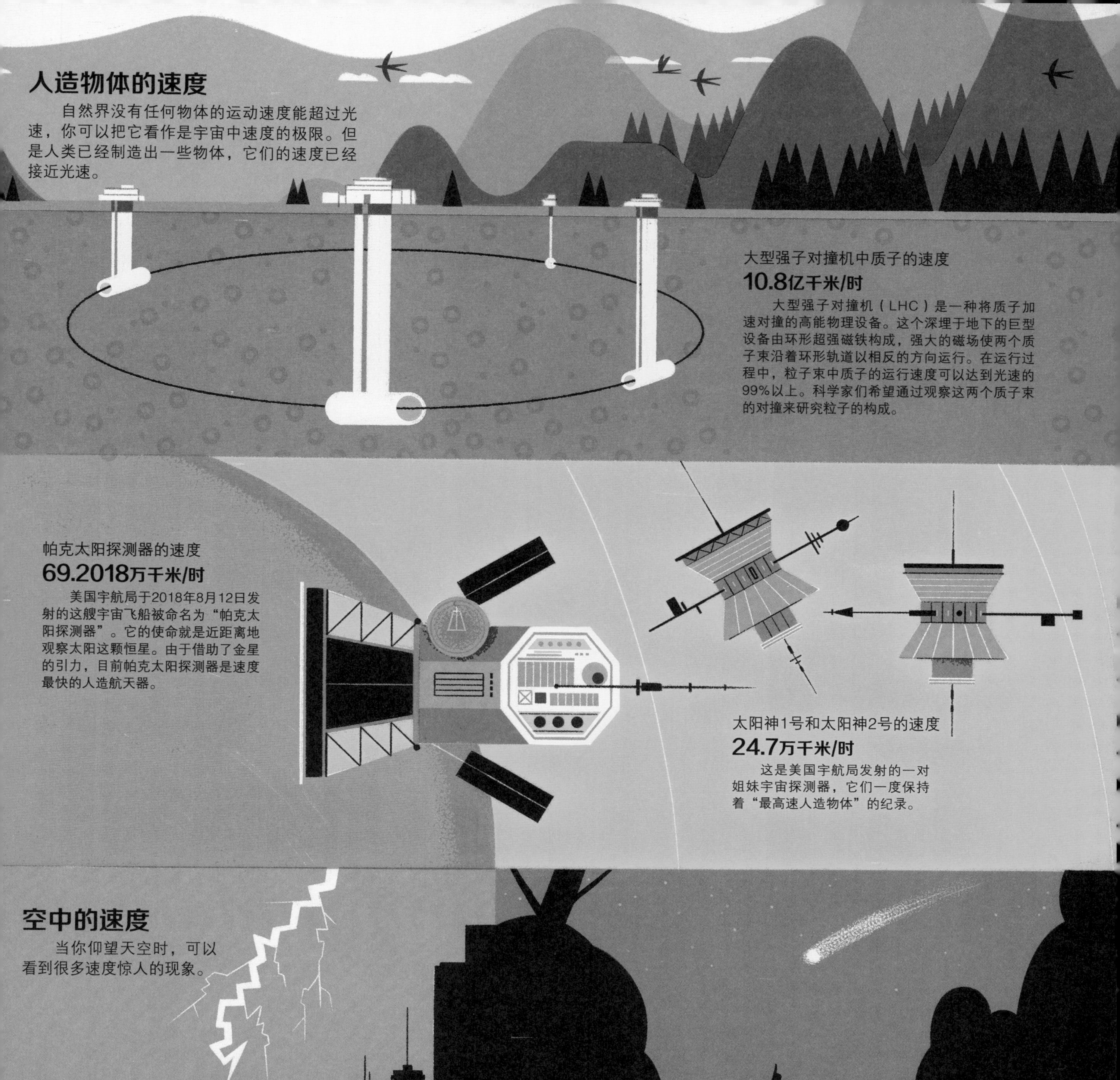

人造物体的速度

自然界没有任何物体的运动速度能超过光速，你可以把它看作是宇宙中速度的极限。但是人类已经制造出一些物体，它们的速度已经接近光速。

大型强子对撞机中质子的速度

10.8亿千米/时

大型强子对撞机（LHC）是一种将质子加速对撞的高能物理设备。这个深埋于地下的巨型设备由环形超强磁铁构成，强大的磁场使两个质子束沿着环形轨道以相反的方向运行。在运行过程中，粒子束中质子的运行速度可以达到光速的99%以上。科学家们希望通过观察这两个质子束的对撞来研究粒子的构成。

帕克太阳探测器的速度

69.2018万千米/时

美国宇航局于2018年8月12日发射的这艘宇宙飞船被命名为“帕克太阳探测器”。它的使命就是近距离地观察太阳这颗恒星。由于借助了金星的引力，目前帕克太阳探测器是速度最快的人造航天器。

太阳神1号和太阳神2号的速度

24.7万千米/时

这是美国宇航局发射的一对姐妹宇宙探测器，它们一度保持着“最高速人造物体”的纪录。

空中的速度

当你仰望天空时，可以看到很多速度惊人的现象。

闪电的速度

43.4523万千米/时

空中的一道闪电绝对能吸引你的目光，闪电是由静电引起的。

流星的速度

4.8万千米/时

你见过流星骤然划过夜空的景象吗？实际上，它们是太空中的固体物质进入地球大气层，与大气摩擦燃烧而产生的光迹。

圆圆的地球

世界上不存在完美的球体。虽然地球的形状已经接近球体，但是和地球以外太空中的其他球形物体相比，它还不够圆。让我们一起来看看这些物体吧！

肥皂泡

说到完美球体，最明显的一个例子就是肥皂泡。泡泡刚吹出来的时候形状是不规则的，但一旦开始在空气中飘浮，它们就会自动变成完美球体，这是“表面张力”在起作用——肥皂水中水分子之间以相等的距离排列在一起，从而将泡泡的表面拉成一个完美的球体。

开普勒11145123

形状为完美球体的行星或恒星几乎不可能存在，但是天文学家们已经发现了一个几乎完美的球形恒星，它的名字是开普勒11145123，距离地球5 000光年。它是天文学家目前发现的最圆的天体。

球体与扁球体

虽然地球看起来是一个圆球，但是经科学家测量，地球的形状并非完美球体。因为不断地自转，地球形成了两极稍扁、赤道略鼓的形状。地球在赤道地区测得的直径是12 756千米，而在两极之间测到的直径却是12 714千米。这个差异说明，尽管地球看起来非常圆，但是它并不是一个完美圆球体，而是一个扁球体。

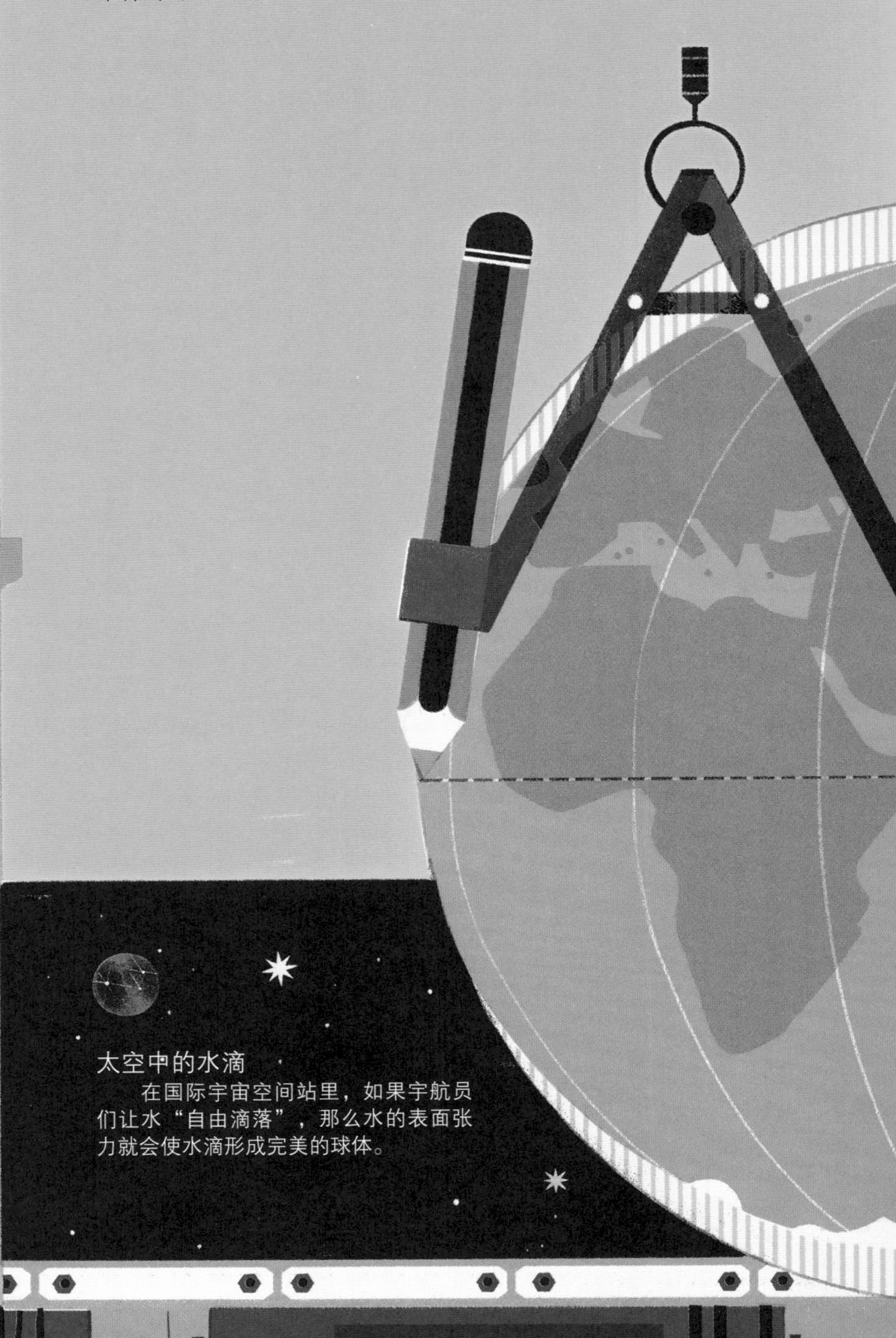

太空中的水滴

在国际宇宙空间站里，如果宇航员们让水“自由滴落”，那么水的表面张力就会使水滴形成完美的球体。

不那么圆的物体

和地球一样，自然界中很多物体虽然看起来是球体，但实际情况却并非如此。

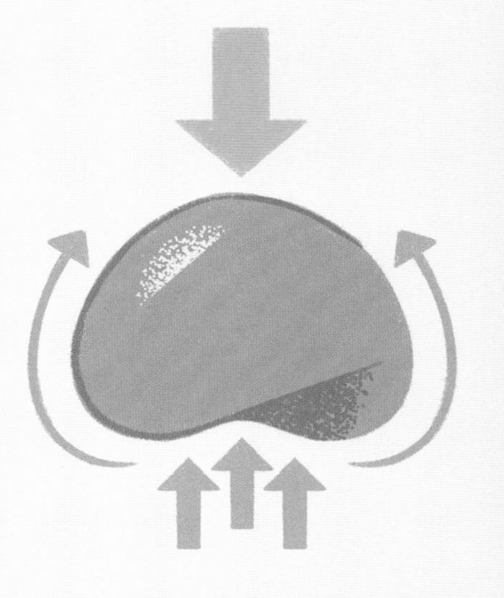

雨滴

当水滴还飘浮在云层里的时候，它们小而轻，并保持着完美的球形。当水滴渐渐变大变重，最终成为雨水滴落下来时，下落运动会将它们挤得上圆下扁，看上去就像房屋的穹顶，而不是我们想象中“泪滴”的形状。

宇宙中的凹与凸

宇宙中较大的天体通常都是球形的，但也有那么几个不走寻常路的天体，呈现出不寻常的形状。

灶神星

灶神星是目前已知的第二大小行星，直径为530千米。从美国宇航局黎明号宇宙探测器传回的图像来看，灶神星是一个不规则的扁球体，上面布满陨石坑。

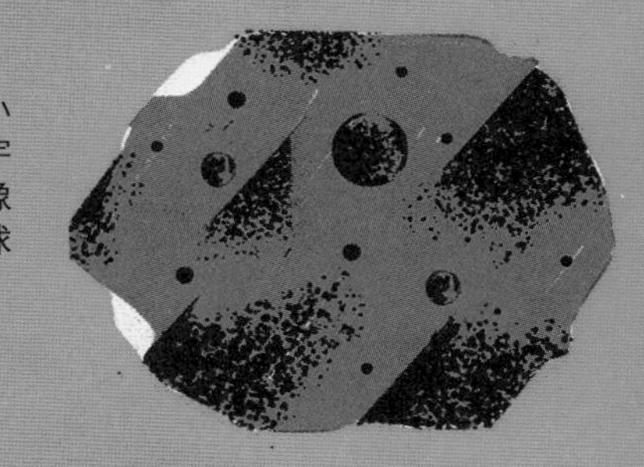

戴莫斯和福博斯

火星有两个围绕它转动的卫星，名字分别是戴摩斯（火卫二）和福博斯（火卫一）。它们的形状都有点像土豆。

你的眼球

人类的眼球并不是一个完美的球体，相反，眼球的前端稍稍扁平，向后逐渐变窄。眼球的形状哪怕产生一丁点的改变，都会造成各种视力问题。

天涯海角

这个冰冷的小天体围绕着太阳转动，距地球65亿千米，它看上去就像一个长长扁扁的薄饼。由于形状过于特别，科学家们实在是纳闷——它到底是如何形成的?

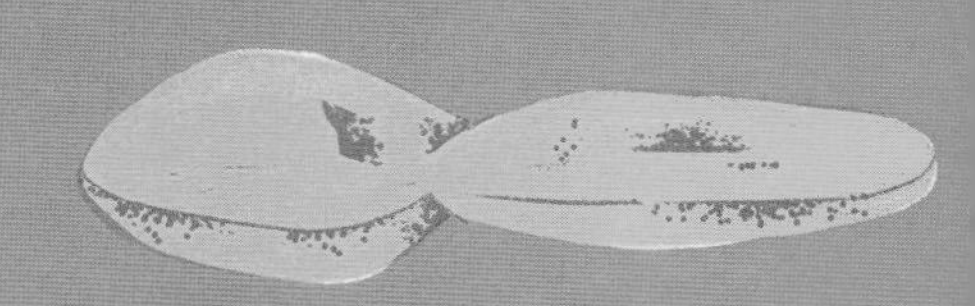

爬行动物的蛋

爬行动物的蛋的形状、大小各异，不过它们都有圆滑的轮廓。有些海龟蛋接近完美的球体，而鳄鱼蛋则是椭圆形。

鸟蛋

鸟蛋尽管大小不同，但不论是接近球体的猫头鹰蛋，还是一头大一头小的矶鹬蛋，都具有圆滑的轮廓。

体育运动中的球

台球和保龄球都必须是完美球体，这样才能满足平滑滚动的要求。但是其他一些运动的球，尤其是那些用来踢的球，形状却是不寻常的!

英式橄榄球

橄榄球状如橄榄，也就是说，它是一个两端圆滑的三维椭球形。据说最初是用充气的猪膀胱做成的，所以现代的橄榄球虽然用皮革制成，但它依然保持了充气猪膀胱的形状。

美式足球

美式足球和英式橄榄球类似，都是长椭球体。但美式足球是两端微尖的“鱼鳔体”，而且绑带更粗，方便运动员将它抛出去。

足球

传统的足球是由32块六边形与五边形的皮革缝制而成的。用这种技术可以得到接近球体的形状。

凹凸不平的地球

从宇宙中鸟瞰地球，看似是一个光滑的球体，可实际上地球的表面是高低错落、凹凸不平的。让我们来看看地球上几处著名的高点和低点吧。

鲁氏粗毛秃鹫的飞行高度
约11 278千米
飞得最高的鸟。

高耸的山脉

地球上遍布着拔地而起的高山。有些是孤立的一座山，比如坦桑尼亚的乞力马扎罗山。还有一些是绵延山脉的组成部分，比如瑞士的马特洪峰。

喷气式客机的飞行高度
约10 000米
巡航高度。

珠穆朗玛峰的高度
8 849千米
珠穆朗玛峰是世界上最高的山峰，它是亚洲喜马拉雅山脉的一部分。在世界最高的十座山峰中，喜马拉雅山脉的山峰就占了九座。

莫纳克亚山的高度
4 205米
虽然珠穆朗玛峰是世界最高峰，可实际上夏威夷的莫纳克亚山才是世界上最高的山，尽管它的海拔只有4 205米。

这是因为山的高度是指山脚到山顶的距离。珠穆朗玛峰的山脚处于海平面以上，而莫纳克亚的山脚却在6 000多米深的深海之中。这样一来，莫纳克亚山从山脚到山顶的落差达到了10 210米，比珠穆朗玛峰高出了1 361米。

10 000 米
7 500 米
5 000 米
2 500 米
0米（海平面

钦博拉索山的高度
6 310米
珠穆朗玛峰是地球上海平面到峰顶距离最远的地方，而厄瓜多尔的钦博拉索山是地球上最厚的地方。这是因为地球赤道的半径最大，这里的地表距离地心的距离最远，而钦博拉索山恰恰就位于赤道上，所以它是地球最厚的地方。

测量海拔

科学家们测量某地高度的时候，需要将它和地表上某一个相对静止的点来做比较，这个点就叫作海拔零点。海拔零点常用来测量某个点高出海平面的距离，也被称为“水准”零点。“水准”在这里是平均的意思，它指的是大海高潮期和低潮期的平均高度。

起初科学家们使用海洋真正的高度作为海拔零点，但是真正的海洋表面总是处在运动变化的状态。为了解决这一问题，测地专家收集了大量数据，将海平面高度统一为一个世界通用的标准数字。今天的卫星导航定位系统就使用这一数据，来测量某地的海拔。

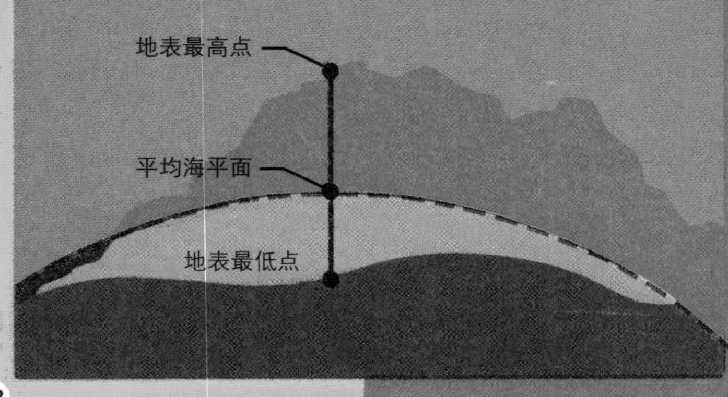

赫伯特·尼特奇的潜水深度
海下253米
自由下潜最深的纪录。

–2 500 米

泰坦尼克号沉没在海底的深度
海下3 800米
因海难而沉入海底的巨轮。

地表的急剧下降

山峰可以很高，山谷可以很低。但要说崎岖不平，没有什么能比得上陡峭的悬崖。绝大多数的山峰都会有缓坡向山脚过渡，而悬崖的边缘则是角度垂直，直上直下的。

多佛白崖的落差

100米

多佛白崖在英国，这里有很多世界闻名的海边断崖。

酋长巨石的高度

2 307米

酋长巨石是世界上最壮观的悬崖之一，它坐落在美国加利福尼亚州的约塞米蒂国家公园内。这块著名的巨型独石也吸引了无数攀岩爱好者前来挑战。

安吉赫瀑布的落差

979米

一些悬崖上会形成壮观的瀑布。委内瑞拉的安吉赫瀑布就是世界上落差最大的瀑布。

低陷的物体

河水与冰川可以在地表剧烈下切，形成深深下陷的峡谷和壕沟。与陆地上一样，海底也同样有山脉和山谷，我们把那些最深的海底山谷称为“海沟”，它们的深度简直不可思议。在主要的几大海洋中，海沟多存在于大陆板块的交界处。

科罗拉多大峡谷的深度

1 600米（平均深度）

这个长达446千米的大峡谷坐落在美国西部地区，它是由科罗拉多河在地表下切而形成的。

本特利冰河下沟谷的深度

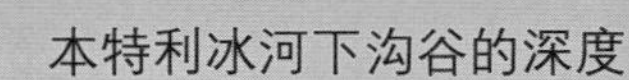

低于海平面2 555米

这是世界上未被海洋覆盖的最低点。因为沟谷上覆盖着上千米厚的冰层，所以人类想要抵达这里是根本不可能的。

挑战者深渊的深度

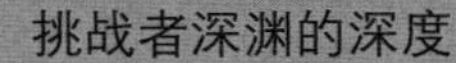

低于海平面11 034米

地表的最低点被称为“挑战者深渊”，它位于马里亚纳海沟内。马里亚纳海沟位于西太平洋马里亚纳群岛东侧，是地表离地心最近的几个地点之一。

高耸入云的建筑物

自然形成的地貌并不是地球上最凹凸不平的物体。在过去的5 000年中，人类创造了一系列令人叹为观止的伟大建筑，其中一些达到了令人惊叹的高度。

哈利法塔的高度

828米

2021年，位于阿联酋迪拜的哈利法塔还是世界上最高的建筑。不过高度更高的、即将打破这个纪录的建筑物已经在修建当中了。

胡夫金字塔的高度

146米

即便以今天的标准来衡量，埃及的胡夫金字塔也是一个宏伟巨大的建筑物。胡夫金字塔“世界最高建筑物”的纪录保持了3 800多年。

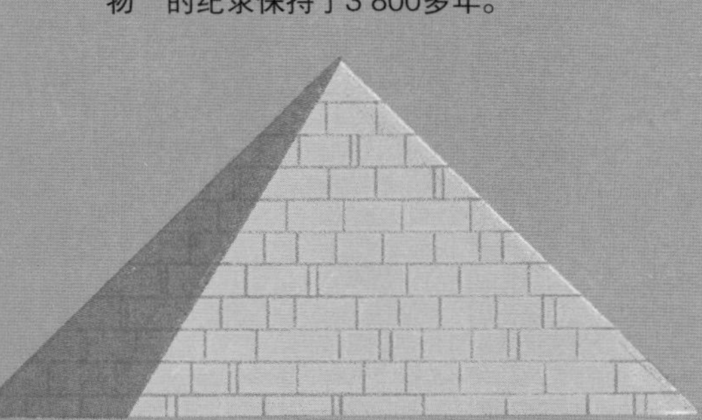

沉重的地球

地球上布满了岩石、水、气体，以及许许多多生物。所有这些物质加起来，使地球成为一个重量极大的星球。据估计，地球的质量约为6×10^{24}千克——6的后面有24个0！

太空中物体的质量

在太阳系中有很多比地球轻的天体，比如月亮、小行星和矮行星。

地球的质量

6×10^{24}千克

火星的质量

6.42×10^{23}千克

火星是岩石行星，地球的质量大约是火星的9.3倍。

木卫三的质量

1.48×10^{23}千克

木星的卫星是太阳系中最大的卫星，木卫三含有大量冰冻的气体和水，它的直径比水星还大。地球的质量约是它的40倍。

月球的质量

7.35×10^{22}千克

据估计，月球的质量约为7.35×10^{22}千克。也就是说，地球的质量比81个月球质量的总和还重一些。

巨型机器

全世界的大型飞机、火车、卡车每天都在运送乘客和货物，其中的一些大块头，都是质量很大的人造物体。

质量与重量

我们经常会混淆“质量”和“重量”。虽然这两个概念是相关的，但它们是两回事儿。质量指的是一个物体中所含物质的多少，我们用千克（kg）来衡量它。质量告诉我们要移动一个物体的难度大小——一个物体的质量越大，它就越难以移动。

而重量则指的是物体的质量承受吸引力的大小，我们用磅（lbs）来衡量它。在地球上，一个物体的质量和重量是相等的，这是因为地球上所有地方的引力都是相同的。但如果我们处在月球上，你就会发现质量和重量的差异，因为月球的引力只有地球的1/6。比如你的质量是50千克，那么在地球上你的体重就是110磅。在月球上你的质量保持不变，依然是50千克，但是你的体重却只有18磅。

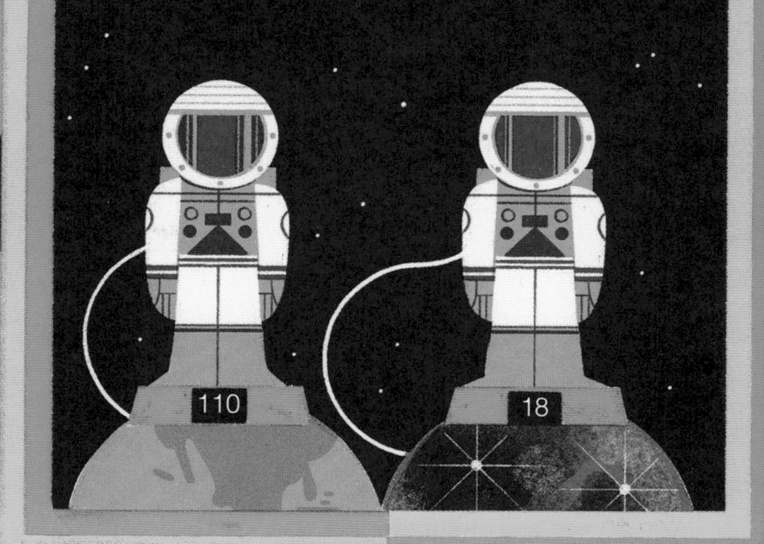

重型汽车的质量
2 721千克

联合太平洋铁路的火车头“百年哥”的质量
25万千克

自卸货车的质量
36万千克

客运喷气式飞机的质量
56万千克

提到会飞的物体，我们脑海里通常会出现那些质量很小的东西，比如气球、羽毛、蒲公英洁白蓬松的种子。可是，庞大的喷气式客机竟然也能飞！空客A380就是目前最大客机的纪录保持者。它可以承载800多名乘客和3 000多件行李。

客运轮船的质量
4 200万千克

世界上著名的轮船之一就是泰坦尼克号了。这艘曾被认为是“永不沉没”的巨轮，却在1912年因撞到冰山而沉入海底。它曾经是最大的海上客运交通工具。

轻盈的地球

虽然地球的质量很大，但是和其他一些同样大小的物体相比，构成地壳的岩石可不算重。下面我们来看一看常见岩石的密度和其他物体密度的对比吧！

测量密度

如果说质量指的是物体中所含物质的量，那么“密度”则指的是物体内部物质排列的紧密程度。密度表示的是物体质量和体积的关系，我们用克每立方厘米（克/立方厘米）这个单位来表示。

想要知道物体的密度，我们就要用它的质量除以它的体积。地球表面岩石的平均密度约为2.7克/立方厘米。可如果你用整个地球的质量除以它的体积求出的密度约为5.5克/立方厘米。这说明，构成地球的大部分物质的密度都高于地球表面岩石的密度。

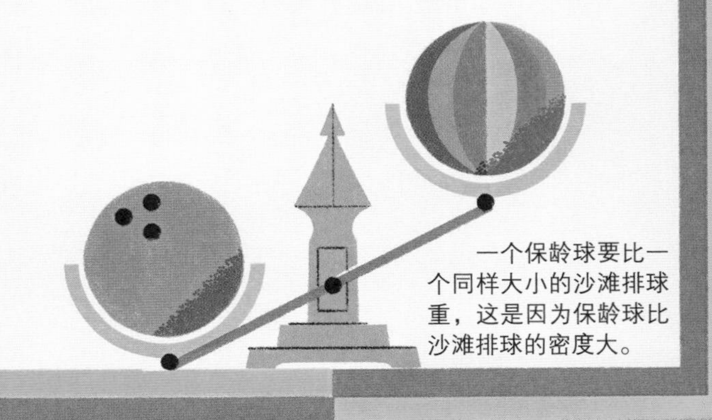

一个保龄球要比一个同样大小的沙滩排球重，这是因为保龄球比沙滩排球的密度大。

地球构成

地球是由多层岩石和矿物质组成的。最外层是我们生活的地壳，中间层是地幔，最里面是地核。其中地核由液态的外核和固态的内核组成。

地壳的密度

3克/立方厘米

地壳是地球的外层。地球表面或者地壳中密度最大的岩石通常来自火成岩，比如玄武岩和橄榄岩。这些岩石含有大量铁、镁等重的元素。

地幔的密度

4.4克/立方厘米

地幔是地球的中间圈层，处于地壳之下，这里的岩石因受到高压作用而密度较大，并且可以流动。

地核的密度

13克/立方厘米

地核是地球的中心，由两部分构成。外核主要由液态物质组成，而内核则由一系列密度高且坚硬的铁和镍组成。

宇宙中的物体

宇宙中密度最大的天体在外太空。

中子星

500万亿克/立方厘米

天文学家发现，中子星是超新星爆炸的产物，这些结构极为紧密的星体是除黑洞外密度最大的星体。

日核的密度

150克/立方厘米

太阳是由温度超高的氢气和氦气构成的。在地球上，这两种气体的密度特别低，这就是氢气球或氦气球可以在空中飘浮的原因。但如果处在极高的压力之下，这些气体的密度则会暴涨。尽管太阳表面的密度只有1.4克/立方厘米，但科学家们估计，日核的密度高达150克/立方厘米。

金属

要说密度大，金属家族可是当仁不让的冠军。人们把贵重金属视若珍宝，一是因为它们美丽的外表，二是因为它们十分稀缺。但绝大多数常见金属也有很多用途。

铝的密度

2.7克/立方厘米

因为密度不大，这种闪亮亮的金属不属于重金属。正是因为这个特性，铝经常被用来制作轻盈又坚固的物品，比如喷气式飞机的外壳。虽然铝是金属，但它的密度只不过是普通人体密度的3倍左右。

铁的密度

7.9克/立方厘米

这种坚固的金属可被磁铁吸引，多被应用于建筑行业。

铜的密度

8.9克/立方厘米

因为出色的导热和导电性能，铜被广泛应用于电缆和厨具制造业。

银的密度

10.5克/立方厘米

这种闪闪发亮的金属通常被用来制作装饰物和首饰。

铅的密度

11.3克/立方厘米

这种重金属被普遍应用于制造汽车和其他设备的电池。

水银的密度

13.6克/立方厘米

不同于其他金属，水银在常温下是液态的。这种银色金属被用于制造温度计有100多年的历史了。

黄金的密度

19.3克/立方厘米

人类使用珍贵的黄金制作首饰与装饰物，已经有数千年的历史了。因为黄金具有出色的导电性，我们还用它来制作现代电子设备，比如手机。在地球上，黄金属于密度较大的金属。

白金

21.5克/立方厘米

这种金属的应用实在是广泛，从首饰制作到汽车发动机火花塞的制造，都需要它的参与。

快速变化的地球

地球总是在不断地变化，而且在很多情况下这种变化发生得非常快。有些变化进程需要几个月或几年，而有些则只需要几小时。

空气的变化

大气层是多种气体的混合体，其中以氮气和氧气为主。除此以外，地球的大气层还包含水蒸气等其他几种气体，只不过含量没有氮气和氧气那么多。

风

风的方向和速度在不断地变化，但无论如何变化，风总是从高气压区吹向低气压区。科学家们用风速仪来测量风的速度。

气压

气压就是空气对地球表面的压力。气压一直在不断变化，科学家们用气压计来测量气压。

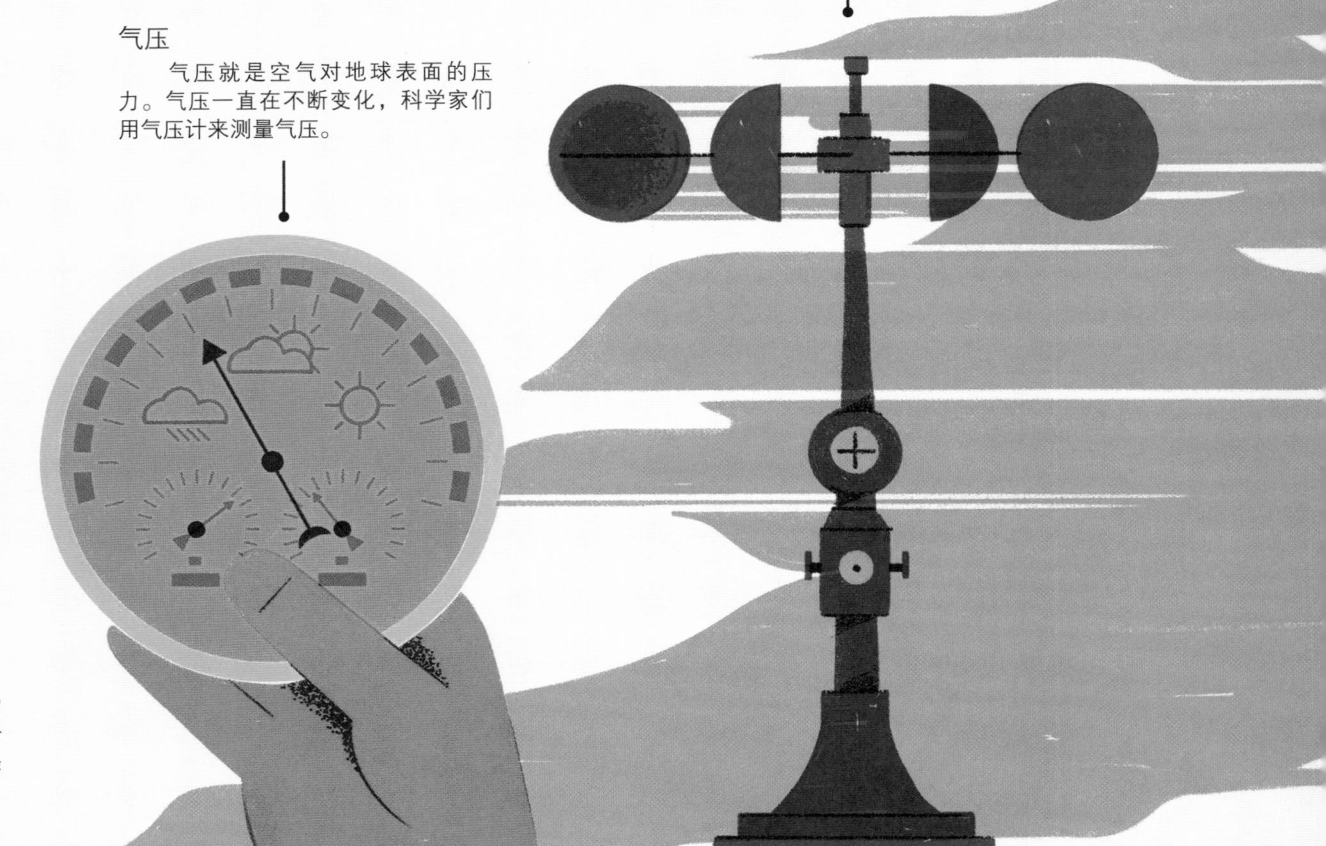

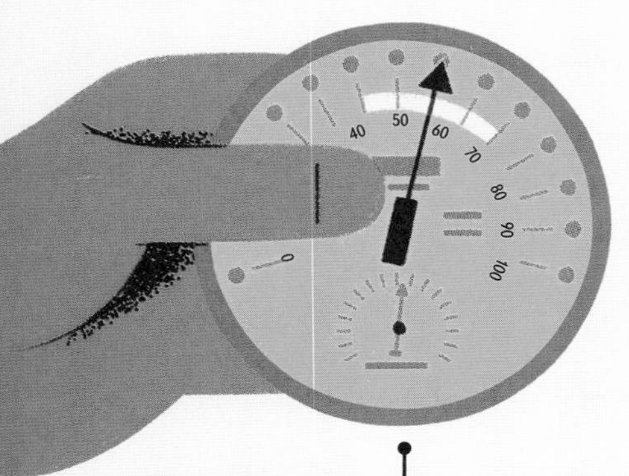

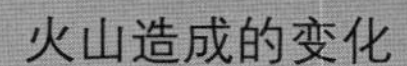

湿度

湿度指的是空气中水蒸气的含量，它也在不断地发生变化。科学家们用湿度计来测量湿度。相对湿度越接近100%，降水概率就越大。

地表的变化

陆地和海洋看似静止不动，可实际上地质和潮汐的力量可以快速改变整个大陆板块。

地震造成的变化

当两块地球板块的边缘发生错动和挤压时，就会发生地震。地震发生前，会有很小的前兆或毫无征兆，地震发生时会毁坏房屋、桥梁和道路，甚至造成严重的山体滑坡。科学家们通常用地震仪测量地震的强度。

潮汐造成的变化

在海边，一天内，你可以观察到两次海水的向前推进或向后撤退，并伴随着海平面的上升或下降，这就是潮汐。这种微小的更替变化是由太阳和月球的引潮力推动而形成的。

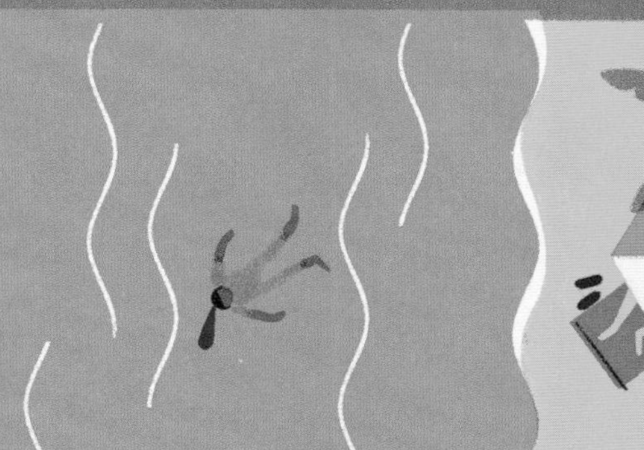

火山造成的变化

我们可以把火山看作是地壳的开口，地球深处的熔岩被火山以岩浆和火山灰的形式喷发到地表，从而形成新的陆地。据估计，目前地球上的活火山多达1 500余座，其中有500座已经喷发过。当大型火山（例如菲律宾的皮纳图博火山）喷发时，地表和大气会发生剧烈变化。

天空中的变化

宇宙中天体的位置与运动会对地球产生不可思议的作用。

日出和日落

无论我们身在何方，太阳每天都会升起落下，这是因为地球在绕着地轴不断自转。当你所在的地区转到面对太阳的地方时，这里就是白天；当这一地区转到背对太阳的地方时，这里就迎来了黑夜。

月有阴晴圆缺

在一个月内，月亮会从月牙儿逐渐变为满月，然后再逐渐变为月牙儿。这种月相的循环更替周期为29.5天。随着月球绕着地球转动，月亮被太阳照射的区域大小也在不断地变化，这就是我们看到的“阴晴圆缺”。

四季的更替

即使你没有住在赤道地区，只要仔细观察也能发现太阳在天空的运动轨迹每天都有一些变化，这是因为地球是倾斜的，地球公转的轨道面和自转平面有夹角。这样一来，地球公转的时候，阳光每天直射到地球的区域就会略有不同。这种持续的变化造就了四季的更替，同时也会让每天的日照时间都有所不同。

行星的轨迹

当我们在夜晚仰望天空时，你会发现很多小亮点。它们中绝大部分都是恒星，但其中一些特别亮的，是行星。恒星固定运行轨迹，它们在天空中的位置可能会变，但是运行轨迹却是一成不变的。而行星不会像恒星那样沿着恒定不变的轨迹运动，它们的运行会加速、放慢，甚至后移。

生物的变化

所有动物，包括人类，在一生中都会经历一系列变化阶段，我们把这种变化称为“生命周期”。

人类的生命周期

刚刚出生时，我们是需要照顾的婴儿。到2岁左右时，我们学会了说话和走路。不久之后，我们从蹒跚学步的小宝宝成长为儿童。之后，成长为青少年，这时我们会经历青春期，再经历一些成长变化后，我们就长大成人了。

蝴蝶的生命周期

蝴蝶等一些昆虫在生命周期中，都会经历极大的变化，这个过程叫作“变态”。刚从卵中孵化出来的蝴蝶幼虫还是毛毛虫，然后毛毛虫会制作一个“壳”把自己包裹起来，这个阶段叫作蛹期。在最后一个阶段，幼虫破茧成蝶，变为成虫。

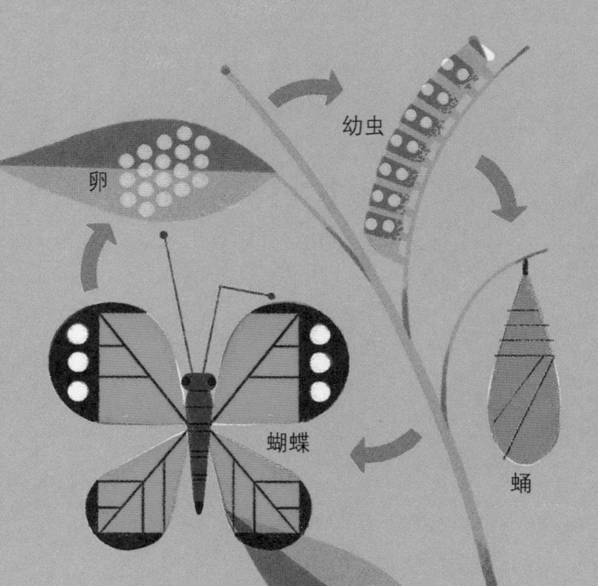

青蛙的生命周期

和蝴蝶一样，青蛙成长也要经历变态的过程。刚从水里的蛙卵中孵化出来时，它们看上去就像一条条小鱼，我们称它们为小蝌蚪。随着小蝌蚪逐渐长大成熟，它们的尾巴消失，四肢长出，变为成蛙。

W

X

Y

Z

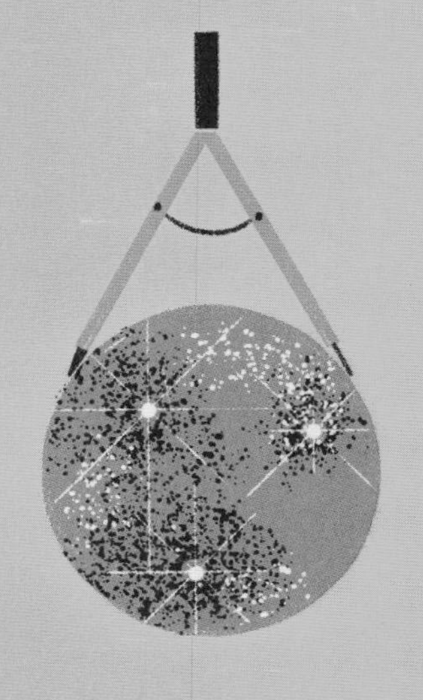

图书在版编目（CIP）数据

地球之书：不可思议的多样星球 /（美）史蒂夫·M. 托塞克著；（阿根廷）马科斯·法里纳绘；刘羽译．— 西安：未来出版社，2021.10

书名原文：Earth is Big:A Book of Comparisons

ISBN 978-7-5417-7229-0

Ⅰ.①地… Ⅱ.①史… ②马… ③刘… Ⅲ.①地球科学—少儿读物 Ⅳ.① P-49

中国版本图书馆 CIP 数据核字 (2021) 第 128434 号

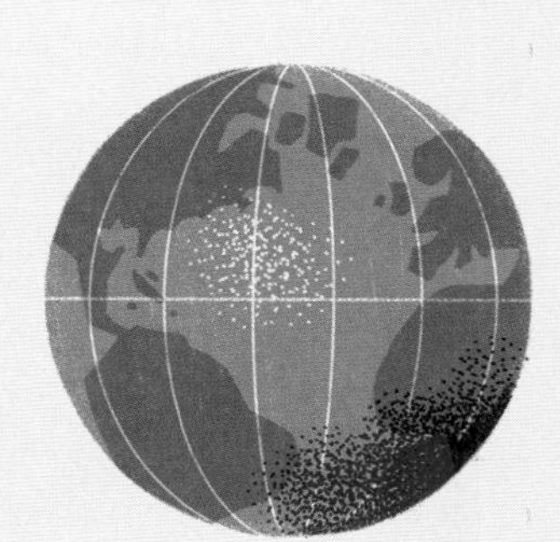

What on Earth Books is an imprint of What on Earth Publishing
First published in the United Kingdom in 2021

Staff for this book:
Edited by Patrick Skipworth
Designed by Andy Forshaw

The simplified Chinese translation rights arranged through Rightol Media（本文中文简体版权经由锐拓传媒旗下小锐取得 Email: copyright@rightol.com）

地球之书——不可思议的多样星球 DIQIU ZHISHU BUKESIYI DE DUOYANGXINGQIU

[美] 史蒂夫·M. 托塞克 / 著　[阿根廷] 马科斯·法里纳 / 绘　刘羽 / 译

著作权登记号： 陕版出图字 25-2021-105
总 策 划： 李桂珍　陆三强
责任编辑： 高　琳　张美琎
出版发行： 陕西新华出版传媒集团　未来出版社
电　　话： 029-89122633　89120538
经　　销： 全国各地新华书店
开　　本： 536 毫米 × 990 毫米　1/8
字　　数： 140 千字
书　　号： ISBN 978-7-5417-7229-0
审图号： GS（2021）5289　本书地图系原书插附地图
策划统筹： 高　琳　张美琎
排版制作： 北京图德艺术文化发展有限公司
社　　址： 西安市登高路 1388 号
邮政编码： 710061
印　　刷： 鹤山雅图仕印刷有限公司
印　　张： 7
版次印次： 2021 年 10 月第 1 版第 1 次印刷
定　　价： 68.00 元